本书资助：国家自然基金联合基金重点项目"农牧交错带土地沙化对区域可持续发展的影响"（批准号 U23A2014）；黄河流域高质量发展研究中心"黄河流域典型荒漠化逆转区生态系统服务时空演化机理与适宜结构推演"（批准号 25HND07）。

内蒙古生态年鉴：土地、植被与承载力的深度解析

郝　蕾　等著

中国商务出版社

·北京·

图书在版编目（CIP）数据

内蒙古生态年鉴：土地、植被与承载力的深度解析 /
郝蕾等著 . -- 北京：中国商务出版社，2025. -- ISBN
978-7-5103-5626-1

Ⅰ . X321.226-54

中国国家版本馆 CIP 数据核字第 2025398CT1 号

内蒙古生态年鉴：土地、植被与承载力的深度解析

NEIMENGGU SHENGTAI NIANJIAN：TUDI 、ZHIBEI YU CHENGZAILI DE SHENDU JIEXI

郝 蕾 等著

出版发行：中国商务出版社有限公司

地　　址：北京市东城区安定门外大街东后巷 28 号　邮编：100710

网　　址：http://www.cctpress.com

联系电话：010-64515150（发行部）　010-64212247（总编室）
　　　　　010-64243016（事业部）　010-64248236（印制部）

策划编辑：刘文捷

责任编辑：谢　宇

排　　版：德州华朔广告有限公司

印　　刷：北京建宏印刷有限公司

开　　本：787 毫米 × 1092 毫米　1/16

印　　张：13　　　　　　　　　　　字　　数：233 千字

版　　次：2025 年 5 月第 1 版　　　　印　　次：2025 年 5 月第 1 次印刷

书　　号：ISBN 978-7-5103-5626-1

定　　价：88.00 元

本书创作团队

郝　蕾　翟涌光　王　珊　王　岳　张文剑

王　洁　崔秀萍　黄海广　卢　豪　蔡富娟

前　言

内蒙古自治区位于中国的北部边疆，是中国北方的重要生态屏障。这里拥有广袤的草原、森林、沙漠等多样的生态系统，其生态功能对于调节区域气候、水土保持和生物多样性保护具有至关重要的作用。近年来，随着经济发展和人口增长的加快，内蒙古的生态环境面临着前所未有的挑战。土地沙化、草地退化、水资源短缺等生态问题，已经成为制约地区可持续发展的瓶颈。与此同时，内蒙古的资源开发和环境保护之间的矛盾日益突出，迫切需要在科学研究的基础上寻求合理的生态保护和资源管理对策。

本书正是在这样的背景下进行研究。本书基于多年的实地调研和遥感数据分析，系统地阐明了内蒙古自治区各盟市在土地利用、植被变化以及生态承载力等方面的时空动态特征。通过引入最新的遥感技术和气象数据，结合净初级生产力和土壤呼吸估算模型，定量评估了2001至2020年间内蒙古各地的生态现状。这些研究为我们揭示了内蒙古的生态变化趋势和生态环境面临的压力，同时也为政策制定者提供了更加精确的科学依据，助力实现区域的绿色发展和可持续利用。

本书主要研究内容包括以下三个方面。

（1）土地利用与覆被变化分析。本书详细探讨了内蒙古十二盟市土地利用/覆被变化的时空格局及其驱动因素。通过遥感技术，我们分析了耕地、草地、森林、沙漠等土地类型的变化趋势，并揭示了气候变化和人类活动对土地利用变化的双重影响。

（2）植被碳源与碳汇动态评价。研究了内蒙古十二盟市植被碳源/碳汇的时空动态，分析了植被净初级生产力与气候变化、土地利用变化之间的相互作用。特别是对草地和森林等重要生态系统的碳汇功能进行了深入分析，评估了这些区域在全球气候变化背景下的碳吸存潜力和减排作用。

（3）生态承载力定量评估。生态承载力是衡量生态系统是否能够持续提供生物资源与环境服务的关键指标。本书通过生态足迹模型，评估了内蒙古各盟市的人均生态足迹与生态承载力之间的关系，分析了生态盈余和生态赤字的空间分布及其变化趋势。这一部分的研究揭示了区域内不同生态功能区的资源承载能力，为今后的区域可持续发展规划提供了数据支持。

由于本书的研究在数据的全面性和模型的精确性上，可能无法完全涵盖所有的生态复杂性，仍有许多不足，恳请广大读者批评指正。希望通过本书的研究，能够为促进内蒙古自治区生态环境保护与经济社会协调发展提供借鉴，并为实现区域可持续发展目标贡献智慧与力量。

郝 蕾

2025 年 4 月

目　录

第一篇　绪　论

第二篇　总　论

第三篇　各　论

第一篇 绪论

第一章

国内外研究进展

第一节　土地利用/覆被变化

2021年，《中华人民共和国国民经济和社会发展第十四个五年规划和2035年远景目标纲要》提出，坚持"绿水青山就是金山银山"理念，坚持尊重自然、顺应自然、保护自然，坚持节约优先、保护优先、自然恢复为主，实施可持续发展战略，完善生态文明领域统筹协调机制，构建生态文明体系，推动经济社会发展全面绿色转型，建设美丽中国。2022年，中国共产党第二十次全国人民代表大会中指出必须牢固树立和践行"绿水青山就是金山银山"的理念，站在人与自然和谐共生的高度谋划发展。我们要推进美丽中国建设，坚持山水林田湖草沙一体化保护和系统治理，统筹产业结构调整、污染治理、生态保护、应对气候变化，协同推进降碳、减污、扩绿、增长，推进生态优先、节约集约、绿色低碳发展。2023年10月国务院提出《国务院关于推动内蒙古高质量发展奋力书写中国式现代化新篇章的意见》，该意见为内蒙古的未来发展提供了全面的指导和支持，旨在推动内蒙古的高质量发展，奋力书写中国式现代化的新篇章。2024年4月国家发展改革委等部门提出《关于支持内蒙古绿色低碳高质量发展若干政策措施的通知》，该通知提出了多项政策措施，包括加快能源绿色低碳转型、构建绿色低碳现代产业体系、推动重点领域绿色发展、强化绿色低碳科技创新、全面提升生态环境质量和稳定性、深化区域全方位开放合作、保障措施等，旨在支持内蒙古大力发展以绿色低碳为鲜明特征的新质生产力，进一步推动内蒙古绿色低碳高质量发展。

内蒙古地区作为中国北方的重要生态屏障，拥有丰富多样的生态系统类型，包括森林、草地、沙漠等。这些生态系统不仅为当地居民提供了丰富的物质资源，还提供了诸如气候调节、水土保持、生物多样性保护等间接服务。但随着经济的快速发展和人类活动的增加，内蒙古各盟市土地利用/覆被变化正面临巨大的挑战，明确内蒙古各盟市土地利用/覆被变化具有显著意义。

土地利用是人类有目的的开发利用土地资源的一切活动。土地覆被是地表自然形成的或者人为引起的覆被状况。目前，遥感技术是土地利用/覆被变化研究中最为常用的方法之一。国内外众多学者利用遥感技术开展了广泛的土地利用/覆盖变化（LUCC）研究。在国际上，联合国粮农组织（FAO）、国际应用系统分析研究所（IIASA）等机构推动了全球尺度的LUCC监测项目，利用遥感数据结合地理信息系统（GIS）和全球定位系统（GPS）技术，构建了全球土地利用/覆盖数据库，为全球环境变化研究和政策制定提供了科学依据。在国内，中国科学院遥感应用研究所、北京师范大学等地科院所和高校也积极投身于LUCC的遥感监测研究中，针对不同区域的生态环境问题，如荒漠化、湿地退化、耕地保护等，开发了多种遥感监测模型和算法。

　　LUCC研究已成为国内研究的热点课题。唐华俊等学者认为，LUCC模型的功能和作用呈现多样化趋势，是了解、认识和解释土地利用系统的动态变化特征、过程和效应的有效工具，可以服务于土地利用管理和政策的制定。陈佑启和杨鹏[1]研究了国际上的土地利用/土地覆盖研究新进展，为我国开启此方面研究提供参考。刘纪远等学者[2]发现1990—2010年的20年间，中国土地利用变化表现出明显的时空差异。"南减北增，总量基本持衡，新增耕地的重心逐步由东北向西北移动"是耕地变化的基本特征；"扩展提速，东部为重心，向中西部蔓延"是城乡建设用地变化的基本特征；"林地前减后增，荒漠前增后减，草地持续减少"是非人工土地利用类型变化的主要特征。陈伊多和杨庆媛[3]以2000—2020年5期LUCC数据为基础，从动态度、转化趋势等方面分析西藏自治区LUCC特征并发现城乡建设用地持续增长，草地持续缩减，其余地类波动式增长。雷泽鑫等学者[4]以晋西三川河流域为例，模拟多情景下流域径流响应，并提出适应性空间规划对策。徐梦菲等学者[5]研究发现，郑州市生境质量时空分布与土地利用变化密切相关，未来应注重国土空间结构的合理布局，增强土地利用效率，提升生态系统质量和稳定性。万海峰、王怡冰等学者[6-7]探究土地利用/覆被变化对区域生态系统碳储量及生态系统脆弱性的影响，以期为区域绿色低碳和生态系统的可持续发展提供参考依据。施歌等学者[8]研究发现陆地区域土地利用/覆被变化是导致陆地生态系统碳储量变化的主要原因。因此，有必要厘清各盟市土地利用/覆被变化的关系。

第二节　植被碳源/碳汇时空动态研究进展

　　《碳达峰碳中和标准体系建设指南》提出，要加快构建结构合理、层次分明、适应经济社会高质量发展的碳达峰碳中和标准体系。内蒙古作为我国北方重要的生态屏障，为深入贯彻党中央、国务院关于碳达峰碳中和的重大战略决策部署，落实相关文件的要求接连出台《关于完整准确全面贯彻新发展理念做好碳达峰碳中和工作的实施意见》《内蒙古自治区碳达峰试点建设方案》等文件。

Hiltner等学者[9]在其研究中指出，自1880年以来，全球平均气温上升了（0.85±0.2）℃，气候变化和大气中二氧化碳浓度的增加引起了广泛的关注。Zhang等学者[10]在其研究中写到《巴黎协定》中指出到20世纪末，全球气温上升不应超过工业化前水平2℃。为实现这一目标，需要更好地理解陆地生态系统与气候之间的互馈关系。陈晓鹏和尚占环[11]指出，净生态系统生产力（NEP）代表陆地生态系统与大气之间的净碳交换，是陆地生态系统碳源/碳汇定量估算的重要指标。

当前，NEP估算已成为碳循环研究的热点之一。杨元合等学者[12]研究表明，增强陆地生态系统碳汇是减缓大气二氧化碳浓度上升和全球变暖的重要手段，也是实现我国"碳中和"目标的有效途径。丁倩和张驰[13]研究发现，大规模陆地生态系统的研究提高了我们对全球和区域碳平衡变化的认识。王梁等学者[14]依据2002—2013年山东省17地市农业投入、播种面积以及作物产量等统计数据，对全省各地市农田生态系统进行碳源、碳汇估算，从中分析其变化规律，并探讨造成碳源、碳汇时空变化的影响因素。赵宁等学者[15]研究发现，自20世纪60年代至21世纪初中国陆地生态系统碳汇整体呈上升趋势。Piao等学者[16]研究指出受季节性变暖影响，中国北方森林生态系统土壤呼吸年分布格局发生变化，秋季碳汇期显著缩短。气候变暖加速了土壤呼吸，导致过去20年中国北方草地生态系统接近"碳中和"状态。Yao等学者[17]研究表明在区域尺度上，中国70%的区域为碳汇，东南和西南季风带碳汇浓度最高；气候变化对中国陆地生态系统碳汇变化的贡献率为40%。丁佳等学者[18]研究结论证明，在青藏高原，气温、降水和碳排放等环境因子之间存在显著的指数相关性，气候变化对陆地生态系统NEP有重要影响。在气候变化背景下，对生态脆弱地区生态系统碳循环的研究显著增加。然而，仍有必要阐明在生态脆弱地区气候因素对不同类型生态系统NEP的影响。从20世纪末至21世纪初，关于植被净初级生产力（NPP）、土壤异养呼吸和NEP对生态脆弱地区降水、温度和太阳辐射等气候因素的敏感性问题一直存在。此外，有必要确定不同气候因素对生态脆弱地区NEP的贡献，以及与区域碳源/碳汇之间的联系。

第三节　生态承载力研究进展

人类与自然的关系密不可分，自然是人类的摇篮，为其提供各项生产的必备资源、优质生活的物质条件，并对人类活动产生的污染进行消纳与化解；人类既是自然的受益者也是维护者，在接受自然馈赠的同时，也应该承担起节制自身需求、保护自然环境、维护生态平衡的责任。而如今资源、环境、生态的种种问题使人类意识到，与自然协调发展、走可持续之路是重中之重。同时，我国也将"人与自然和谐共生"作为社会主义现代化建设、经济社会高质量发展的必然要求。习近平总书记在参加十三届全国人大二次会议内蒙古代表团审议时强调，"内蒙古生态状况如何，不仅关系全区各族群众生存和发展，而且关系华北、东北、西北乃至全国生态安全"。内蒙古自治区作为我国北方重要的生态安全屏障，具有重要的战略地位。但随着经济的发展和人口的激增，各盟市资源存在不合理的开发利用，生态承受力面临巨大的挑战，摸清内蒙古生态承载力和生态盈余具有重要的意义。

生态承载力是指在一定条件下，生态系统所能容纳的最大有机物数量、人类活动和生物生存的资源与环境的最大供容能力。目前，生态足迹分析是测算承载力的一个有效方法。Wackernagel和Ress[19]完善了概念并建立可计算的指标模型，并对全球52个国家在1997年的生态足迹的实证研究中发现，当时仅有12个国家和地区人均生态足迹低于全球人均生态承载力，其余35个则均存在生态赤字现象，人类对自然资产存量的消耗远超想象。2004年，世界自然基金会（WWF）在 The Living Planet Report 2004上使用了"生态足迹"这一指标，使各国明确看到占用的自然资源量，并列出一份直观感受使用资源疯狂度的"大脚黑名单"。在众多研究人员的深入探索下，生态足迹的研究内容逐渐被完善，并具有直观综合的特点，且适用于各种测度、范围和多个领域的生态承载力定量评估，现已成为国际上度量可持续发展的重要模型与方法。我国对于生态足迹的研究相对滞后，2000年之后才被引入，章锦河、徐中民、杨开忠等学者[20-22]对生态足迹模型的引入和介绍是国内兴起相关研究的基础。在早期研究针对地区间和省际等范围的测算较多，张志强等学者[23]对西部十二省（区市）的生态足迹进行了测算；王书华等学者[24]综述表明生态足迹的新颖直观、可操作性强等优点，同时也指出其存在与经济指标脱离、忽略污染影响等缺点；区别于最初参照的"全球公顷"概念，顾晓薇等学者[25]提出新观点使用"国家公顷"测算的新方法，能更为准确地把握不同国家和地区的差异性，减小计算分析的误差。目前，生态足迹应用逐渐增多，基于市级角度的测算也开始增加，北京、南京、上海等城市均有相关研究，其他城市地区研究量也在上涨。同时，生态足迹应用不仅跨空间方向，基于时间序列的研究也开始出现，徐长春等学者[26]计算了新疆近10年的生态足迹；陈敏等学者[27]对中国整体生态足迹进行了跨度25年的动态分析，此后陆续出现了不同地域对时间序列的相应研究。王业宁和王豪伟[28]对内蒙古生态足迹和承载力做了20年评估；李剑泉等学者[29]基于产量数据对中国木地板约20年的生态足迹评估等。目前，生态足迹的应用发展涉足不同领域，如水生态、农田生态、土地利用、旅游景区可持续发展等方面。

第二章

研究背景及意义

由于跨度广大、地域分异性强等自然地理特征，内蒙古十二个盟市的生态环境各有不同，社会经济也各有特色。目前，针对内蒙古局部市的生态承载力分析虽有相关研究，但从自然地域分异性和经济区内差异性角度评估的较少。因此，本书从内蒙古自治区十二个盟市范围上进行空间与时间跨度的计算，基于遥感和气象数据，采用净初级生产力和土壤呼吸估算模型，定量分析了2001—2020年内蒙古及各盟市植被NEP时空动态和生态承载力，对生态现状进行定量分析评估，将有助于衡量目前经济与环境的协调平衡性，对预测、指导未来内蒙古地区可持续发展提供理论参考。

第三章

>>>>>>>>>>>>><<<<<<<<<<<<<

研究方法

第一节　土地利用

　　将从MCD12Q1产品中下载的数据导入ArcGis Pro，使用内蒙古自治区的边界矢量数据作为掩膜，裁剪MCD12Q1数据，提取内蒙古自治区的栅格数据，栅格数据中原有17类土地划分，根据本研究需要，使用重分类工具将其重新划为6种主要土地利用类型，利用掩膜提取法提取各盟市行政区图。将掩膜提取好的数据进行栅格转面，在面数据中找到符号系统，选择唯一值，在Gridcode去掉0与其他所有值，再将1～6中的颜色改为对应土地利用类型的颜色，将配色完成的地图导入布局，调整合适的比例尺，在共享中导出布局。

　　在调整好配色的地图中选择属性表，添加字段"面积"，数据类型选择浮点型，数字格式选择数值，点击确定。在添加的"面积"字段中点击计算几何，在计算几何页面中的属性中选择面积（测地线），面积单位根据研究需要选择平方米后点击运行，在属性表中点击按属性选择，按照土地利用类型依次统计，点击面积中统计数据即可统计出相应土地利用类型的面积。

第二节　NEP估算

　　NEP定义为净初级生产力与土壤异养呼吸之差：

$$E = C - R_h \tag{1}$$

　　其中：

E——NEP；

C——净初级生产力；

R_h——土壤异养呼吸。

　　本研究采用CASA（Carnegie-Ames-Stanford Approach）模型计算内蒙古地区陆地生态系统NPP。CASA模型是由遥感和气象数据驱动的典型光能利用率（LUE）模型，是使用最广泛的NPP估算模型（Hao等，2021）。在CASA模型中，NPP由吸收光合有效辐射（APAR）和LUE因子（ε）确定：

$$C(a, m) = A(a, m) \times \varepsilon(a, m) \tag{2}$$

其中，$C(a, m)$ [g·m^{-2}]代表像元a在第m个月的NPP，$A(a, m)$[MJ·m^{-2}]代表像元a在第m个月的光合有效辐射，$\varepsilon(a, m)$ [g·MJ^{-1}]代表第m个月像元a的实际光能利用率。APAR由太阳总辐射（SOL）和吸收的光合有效辐射（fPAR）确定：

$$A(a, m) = S(a, m) \times f(a, m) \times 0.5 \qquad (3)$$

其中，$S(a, m)$ [MJ·m^{-2}]代表第m个月像元a的太阳总辐射，常数0.5为植被在SOL中可利用的太阳有效辐射（400～700nm）比例。$f(a, m)$为植被对入射光合有效辐射（PAR）的吸收比。fPAR与NDVI具有良好的线性关系，可按式（4）计算：

$$f(a, m) = \frac{(N(a, m) - N_{k,min}) \times (f_{max} - f_{min})}{N_{k,max} - N_{k,min}} + f_{min} \qquad (4)$$

其中，$N(a, m)$为第m个月像元a的NDVI值，$N_{k,max}$和$N_{k,min}$分别为第k种土地覆被类别NDVI的最大值和最小值。f_{max}和f_{min}是常数，分别设置为0.95和0.001。

LUE因子ε为植被将APAR转化为有机碳的效率，主要受温度和降水的影响，按式（5）计算：

$$\varepsilon(a, m) = T_1(a, m) \times T_2(a, m) \times W(a, m) \times \varepsilon_{max} \qquad (5)$$

其中，$T_1(a, m)$和$T_2(a, m)$为温度胁迫因子，$W(a, m)$为水分胁迫因子，ε_{max} [g·MJ^{-1}]为最大LUE。由于最大LUE对NPP估算有很大影响，因此需谨慎设置。传统CASA模型采用的全球植被月最大LUE为0.389 g·MJ^{-1}。目前，很多研究者根据具体的植被类型对该值进行了修改。本研究基于Zhu等（2006）的研究结果，对研究区中不同土地覆被类型分别设置ε_{max}。$T_1(a, m)$，$T_2(a, m)$和$W(a, m)$的计算详见文献（Hao等，2021）。

土壤异养呼吸R_h，本研究采用Bond-Lamberty等建立的模型（Bond等，2004）：

$$lnR_h = 0.22 + 0.87 \times lnR_s \qquad (6)$$

其中，R_s [g·m^{-2}]为土壤月平均呼吸速率，Raich等人给出了适用于大尺度分析的计算方法：

$$R_s = B \times e^{QT} \times J \div (J + K) \times 30 \qquad (7)$$

其中，T和J分别为月平均气温（℃）和月总降水量（cm）。B为0℃时的土壤呼吸速率，通常设为1.25，K和Q分别为校正系数和敏感性系数，通常设为4.259和0.055。

第三节　趋势分析及显著性检验

本研究采用Theil-Sen方法（Ohlson等，2015）分析2001—2020年内蒙古陆地生态系统NEP的年际变化。Theil-Sen法对离群值有很好的鲁棒性，单像元的年际变化率为Theil-Sen拟合方程中趋势线的斜率：

$$S_a = Median\left(\frac{E_j - E_i}{j - i}\right), \ i, j = 1, 2, \cdots, Y \qquad (8)$$

其中，S_a为Theil-Sen拟合方程中趋势线的斜率，E_i和E_j分别为第i年和第j年的NEP（$j>i$）。Y为研究期间的年份数（$Y=20$）。斜率为负表明NEP呈下降趋势，斜率为正表示NEP呈上升趋势。采用F检验对年际趋势进行显著性检验。该显著性仅代表趋势变化的置信水平。F检验的方程为：

$$F = U \times \frac{(Y - 2)}{Q} \qquad (9)$$

其中，$U = \sum_{i=1}^{N}(\widehat{E_i} - \bar{E})^2 \quad Q = \sum_{i=1}^{N}(E_i - \widehat{E_i})^2$

其中，E_i为第i年的NEP，$\widehat{E_i}$为NEP_i的预测值，$\bar{E}$为研究期间NEP的平均值，Y为年份数。根据检验结果，变化趋势分为极显著下降（$S_a<0$，$P<0.01$）、显著下降（$S_a<0$，$0.01<P<0.05$）、无显著变化（$P>0.05$）、显著上升（$S_a>0$，$0.01<P<0.05$）和极显著上升（$S_a>0$，$P<0.01$）五个水平。

第四节　生态承载力

本次内蒙古生态承载力研究主要依托生态足迹模型开展，不同于以往选取自治区整体指标进行分析，而是分别计算下辖十二个盟市2018年至2022年的生态足迹、生态承载力和生态余量等各项数据，从时间和空间角度对内蒙古生态承载相关情况做总体、动态的分析，使研究结果更详细、全面，既可以总览自治区整体状态，也可以查阅各盟市单独的分析数据。

（一）模型计算方法及步骤

1.生态足迹计算公式

$$EF=N\cdot ef=N\cdot\sum r_i A_{ij}=N\cdot\sum r_i\left(\frac{c_{ij}}{p_{ij}/N}\right)\qquad（10）$$

其中，EF 为总生态足迹；N 为人口数；ef 为人均生态足迹；A_{ij} 为第 i 类土地第 j 种项目折算的人均生态足迹面积；r_i 为第 i 类土地的均衡因子；c_{ij} 为第 i 类土地第 j 种项目的生产量或消费量；p_{ij} 为全球第 i 类土地第 j 种项目的平均生产量或消费量。

2.生态承载力计算公式

$$EC=N\cdot ec=N\cdot\sum a_i r_i y_i\qquad（11）$$

其中，EC 为总生态承载力；ec 为人均生态承载力；a_i 为第 i 类土地的人均生物生产面积；y_i 为第 i 类土地的产量因子。同时，出于谨慎考虑，在生态承载力最终计算时应扣除12%的生物多样性保护面积。

3.生态余量计算公式

$$ED=EC-EF=N\cdot ed=N(ec-ef)\qquad（12）$$

其中，ED 为总生态余量；ed 为人均生态余量。

已对公式中各指标做出说明，不同公式中涉及的相同指标参考上文，不做重复指出。

（二）相关指标说明

1.资源核算账户及指标选取

生态足迹的计算主要有两大账户。其中生物资源账户涉及耕地、草地、林地、水域四类生态生产性土地的资源；能源账户涉及化石能源用地和建筑用地两类的资源。为尽量在十二盟市间统一标准，结合各地统计年鉴采用的类目和计算需求，具体指标如表3-1所示。

表3-1 生态足迹指标及对应用地类型表

用地类型	指标	资源类型
耕地	小麦、玉米、其他谷物、豆类、薯类、油料、猪肉、禽蛋、禽肉、蔬菜、甜菜	生物生产性资源
草地	牛肉、羊肉、奶类、绵羊毛、山羊毛、山羊绒	生物生产性资源
林地	园林水果	生物生产性资源

用地类型	指标	资源类型
水域	水产品	生物生产性资源
化石能源用地	原煤、焦炭、天然气、液化石油气	能源
建筑用地	电力	能源

2.均衡因子与产量因子

研究不仅对生态足迹模型涉及的生物资源账户、能源账户和各类用地面积等指标采用了时间动态数据，同时按照时空尺度对均衡因子和产量因子进行了详细测算，通过净初级生产力计算法最终得到2018年至2022年十二盟市对应的均衡因子和产量因子，使这两种参数更贴近内蒙古各盟市的实际情况，更具有实用性，并使生态承载力相关部分的测算更具时空动态特征。均衡因子及产量因子计算式如下：

$$r_i = \frac{NPP_i}{\overline{NPP}} \tag{13}$$

$$y_i = \frac{NPP_i}{\overline{\overline{NPP}}} \tag{14}$$

其中，r_i为研究区第i类土地的均衡因子；y_i为研究区第i类土地的产量因子；NPP_i为第i类土地的NPP；$\overline{NPP}$为耕地、草地、林地和水域四类土地的平均NPP；$\overline{\overline{NPP}}$为研究区第$i$类土地的全区域平均$NPP$。

计算中建筑用地均衡因子及产量因子同耕地；化石能源用地均衡因子同林地，产量因子为零。因数据较多，以2022年份对应数值为例进行展示，具体内容见表3-2、表3-3所示。

表3-2　2022年十二盟市均衡因子

	耕地	草地	林地	水域	建筑用地	化石能源用地
呼和浩特市	1.23	0.96	1.41	0.27	1.23	1.41
包头市	2.22	0.94	4.24	0.00	2.22	4.24
呼伦贝尔市	0.95	0.83	1.20	0.26	0.95	1.20
兴安盟	0.94	0.99	1.30	0.17	0.94	1.30
通辽市	1.06	0.98	1.69	0.27	1.06	1.69
赤峰市	1.10	0.98	1.82	0.09	1.10	1.82
锡林郭勒盟	1.94	0.99	3.12	0.39	1.94	3.12
乌兰察布市	1.69	0.99	3.25	0.41	1.69	3.25

	耕地	草地	林地	水域	建筑用地	化石能源用地
鄂尔多斯市	1.82	0.99	0.00	0.23	1.82	0.00
巴彦淖尔市	1.63	0.83	2.35	0.85	1.63	2.35
乌海市	2.15	0.99	0.00	0.00	2.15	0.00
阿拉善盟	2.44	0.98	3.39	0.15	2.44	3.39

表3-3 2022年十二盟市产量因子

	耕地	草地	林地	水域	建筑用地	化石能源用地
呼和浩特市	0.88	1.04	0.77	0.73	0.88	0.00
包头市	0.90	0.57	1.32	0.00	0.90	0.00
呼伦贝尔市	1.03	1.35	0.99	1.07	1.03	0.00
兴安盟	1.06	1.66	1.12	0.71	1.06	0.00
通辽市	1.02	1.40	1.25	0.97	1.02	0.00
赤峰市	1.00	1.33	1.27	0.32	1.00	0.00
锡林郭勒盟	0.97	0.75	1.20	0.75	0.97	0.00
乌兰察布市	0.81	0.71	1.20	0.75	0.81	0.00
鄂尔多斯市	0.91	0.74	0.00	0.44	0.91	0.00
巴彦淖尔市	0.85	0.64	0.93	1.66	0.85	0.00
乌海市	0.86	0.60	0.00	0.00	0.86	0.00
阿拉善盟	0.81	0.49	0.86	0.19	0.81	0.00

第四章

研究数据来源

第一节　遥感数据

本研究所需的2001—2020年植被指数（NDVI）和土地覆被数据分别来自MODIS MOD13A1和MCD12Q1产品。MOD13A1数据的空间分辨率为500 m，时间分辨率为16 d。NEP计算所需的月NDVI数据通过对16天NDVI采用最大值合成方法获得（Holben等，1986）。MCD12Q1数据的空间分辨率为500米，提供年尺度产品。该数据采用了国际地圈生物圈计划（IGBP）定义的土地覆被分类体系，共有17个类别（Loveland等，1999）。根据本研究的需要，将原有17个土地覆被类别按其定义重新划归为6个主要类型：（1）将常绿针叶林、常绿阔叶林、落叶针叶林、落叶阔叶林和混交林划归为森林；（2）将开阔灌丛、封闭灌丛、稀树草原、木质稀树草原、草地和永久湿地划归为草地；（3）将耕地和块状自然植被划归为耕地；（4）将城市和建成区土地划归为建成区；（5）将裸地和荒漠划归为沙漠；（6）将永久冰雪和水体划归为水体。

第二节　气象数据

2001—2020年的月平均气温、月累积降水、月太阳总辐射等气象数据来自ERA5-Land再分析数据[①]，该数据以0.1°（约9 km）的空间分辨率提供近40年全球气象信息。为了实现与上述遥感数据的空间匹配，对原始气象数据通过双线性内插法重采样为相同空间分辨率数据。

第三节　地面观测数据

地面观测数据由两部分组成：一是2018年7月、2019年8月和2020年8月实地测量了不同地区共39个植被样方的生物量数据，可用于验证CASA模型估算的

---

① 下载地址：https://cds.climate.copernicus.eu/#!/home。

NPP。所有样本地块广泛分布于研究区，其中草地样方30个，耕地样方7个，每个样方面积为1 m×1 m；森林样方2个，每个样方面积为15 m×15 m。本研究中草地和耕地样方的实际生物量通过物理收割和烘干称重获得，森林样方实际生物量基于破坏性采伐和对树木成分进行烘干称重而获得，并将其扩大到林分水平。之后，基于Shang等研究成果（Shang等，2018），将三种植被类型的实际生物量转化为NPP。二是来自内蒙古锡林浩特典型草原碳水通量观测数据集[1]，该数据集由ChinaFLUX内蒙古锡林浩特站（东经116°24′14.4″，北纬43°19′31.8″，典型温带草原）涡度相关通量塔测量，其中生态系统与大气之间二氧化碳的净生态系统交换量（NEE），与NEP（NEP = ˜NEE）相反，选择2008—2010年间不同时相的22个NEE观测结果用于本研究NEP的验证。

第四节　生态承载力数据

本书中人口数量、资源产量和能源消费量、用地面积及NPP均采用动态数据。其中人口数采用年末常住人口数量，数据来源于《内蒙古统计年鉴》；各类资源、能源账户指标数据基本来自《内蒙古统计年鉴》，部分指标数据来自各盟市统计年鉴、《国民经济与社会发展统计公报》及其他统计局公开资料；基于遥感影像与监督分类相结合的方法得到各类生态生产性土地面积，并计算得到相应的NPP。因研究区域（盟市）和年份较多，对生物资源与能源账户指标难以收集的部分数据采用了插值法等方式进行估算。

---

[1]http://www.dx.doi.org/10.11922/sciencedb.996。

第二篇　总论

第五章

内蒙古土地利用 / 覆被变化分析

第一节　林地

2018年，内蒙古自治区森林覆盖面积为112 515.95km²，2019年内蒙古全区森林覆盖面积下降至109 608.66km²，2020年内蒙古全区森林覆盖面积为112 330.87km²，2021年内蒙古全区森林覆盖面积为110 946.78km²，2022年内蒙古全区森林覆盖面积为114 018.75 km²。由图5-1可知，2019年森林覆盖面积最小，2022年森林覆盖面积最大。

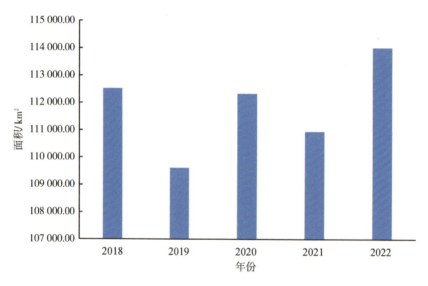

图 5-1　2018—2022 年内蒙古自治区森林覆盖面积

气候因素对内蒙古植被变化有显著影响。降雨量的变化对植被增加影响最大，特别是在内蒙古西部地区，降雨量的增加与荒漠植被对降雨的高敏感性有关。此外，风速和温度的变化也对植被增加有显著影响，尤其是在内蒙古东南部地区；人类活动对植被变化也有重要影响。人工造林和农作物播种面积对植被减少的影响最大。人工造林主要影响了内蒙古东部的一些地区，而农作物播种面积影响的植被减少区域主要集中在内蒙古东北部。此外，牲畜数量和城镇化率也对植被减少有一定的影响。内蒙古作为中国北方的重要生态屏障，其生态治理受到国家的高度重视。通过实施"三北"防护林建设、京津风沙源治理、退耕还林、天然林保护等国家重点工程，内蒙古的森林覆盖率得到了提高。此外，内蒙古还全面停止了天然林商业性采伐，减少了木材采伐量，保护了天然林资源。

森林资源的保护和增加对内蒙古的经济发展也有积极影响。森林覆盖率的提高有助于改善生态环境，促进旅游业和相关产业的发展，同时也有助于提高农牧民的收入。

第二节 耕地

2018年，内蒙古自治区耕地覆盖面积为69 521.99km²，2019年内蒙古全区耕地覆盖面积为69 003.15km²，2020年内蒙古全区耕地覆盖面积为68 876.18km²，2021年内蒙古全区耕地覆盖面积为73 601.43km²，2022年内蒙古全区耕地覆盖面积为78 175.45km²。由图5-2可知，2020年耕地覆盖面积最小，2022年耕地覆盖面积最大。

内蒙古自治区出台了一系列耕地保护政策，如《关于进一步加强耕地保护工作的实施意见》，强调了耕地保护的重要性，并提出了耕地数量、质量、生态"三位一体"保护的目标。这些政策对于控制非农化和非粮化行为，以及促进耕地保护和合理利用起到了积极作用；根据《农牧业发展成绩斐然 发展质量显著提升》的解读分析，内蒙古自治区在"十三五"期间持续优化农牧业经济结构，畜牧业产值占农林牧渔业总产值的比重不断增加，导致部分耕地向草地的转化，从而影响了耕地总面积的变化。近几年，随着城市化进程的加快，耕地利用的非农化逐渐凸显，城市化导致城镇用地面积增加，这主要来源于耕地、草地、未利用土地的转化，从而对耕地面积产生了影响。

内蒙古自治区在坚持生态优先的前提下有序开展补充耕地工作，严格控制成片未利用地开发，禁止违规毁林、毁草开垦耕地等行为，这些措施有助于保护生态环境，但也可能限制了耕地面积的增加。根据《农牧业发展成绩斐然 发展质量显著提升》的解读分析，经济作物播种面积占比提高，意味着部分耕地从粮食作物转向经济作物，影响了耕地的总面积。

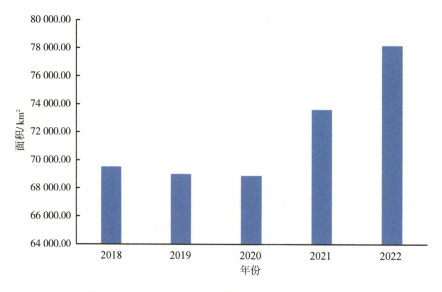

图 5-2   2018—2022 年内蒙古自治区耕地覆盖面积

第三节   草地

2018年，内蒙古自治区草地覆盖面积为 683 412.49km²，2019年内蒙古全区草地覆盖面积为688 578.59km²，2020年内蒙古全区草地覆盖面积为686 372.21km²，2021年内蒙古全区草地覆盖面积为681 861.45km²，2022年内蒙古全区草地覆盖面积为672 571.61 km²。由图5-3可知，2022年草地覆盖面积最小，2019年草地覆盖面积最大。

内蒙古自治区的气候以温带大陆性季风气候为主，降水量和温度的梯度变化明显。降水量是植被生长状况的主要气候因素，特别是在干旱半干旱区，降水量对草地植被的影响尤为显著。此外，土壤类型也对草地生态系统的生产力产生决定性作用，并直接影响植被覆盖度。近十年内蒙古自治区实施了一系列草原保护和修复政策，如还林还草、围封禁牧、轮牧休牧等，这些政策对草原生态恢复产生了积极效果。同时，鼓励和支持人工草地建设，减少一年生牧草种植规模，优先发展旱作型多年生人工草地。人为活动，如牧业旗县的牲畜数量增加，可能导致草地地上生物量减少，引起植被覆盖度变化。此外，草场承包和围栏建设可能会产生"狭地制约"的问题，导致草场经营规模变得狭小，带来草场的破碎化经营。经济作物种植面积的增加可能对草地面积产生影响。在一些地区，草地可能被转化为耕地，用于种植经济作物，减少了草地的总面积。

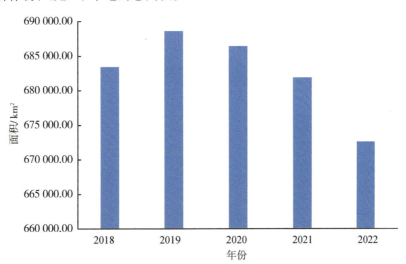

图 5-3　2018—2022 年内蒙古自治区草地覆盖面积

第四节　荒漠

2018年，内蒙古自治区荒漠覆盖面积为273 548.07km²，2019年内蒙古全区荒漠覆盖面积为271 774.11km²，2020年内蒙古全区荒漠覆盖面积为271 356.14km²，2021年内蒙古全区荒漠覆盖面积为272 426.49km²，2022年内蒙古全区荒漠覆盖面积为273 929.33 km²。由图5-4可知，2020年荒漠覆盖面积最小，2022年荒漠覆盖面积最大。

内蒙古自治区实施了一系列荒漠化防治政策，如《中华人民共和国防沙治沙法》《国务院关于进一步加强防沙治沙工作的决定》等，推行省级政府防沙治沙目标责任制，并实施了天然林保护、京津风沙源治理、三北防护林建设、退耕还林、退牧还草、石漠化综合治理等一系列生态修复工程。这些政策和工程的实施对荒漠化扩展态势整体遏制、荒漠化面积持续缩减、荒漠生态功能增强起到了积极作用。通过实施重点工程，开展大规模治理，内蒙古自治区实现了荒漠化扩展态势整体遏制、荒漠化面积持续缩减。例如，与2014年相比，全国荒漠化和沙化面积呈现"双减少"，分别减少12 120km²和9 902km²。根据研究，2000—2022年内蒙古年最大植被覆盖度（FVC）总体呈上升趋势，大部分区域FVC变化表现为基本稳定和明显增加。这表明在某些年份，植被覆盖度的增加可能与荒漠面积的减少有关。内蒙古自治区荒漠化和沙化土地面积持续"双减少"，程度连续"双减轻"。沙化土地植被盖度稳步提高，沙区生态状况"整体好转、改善加速"，荒漠生态系统"功能增强、稳中向好"。内蒙古自治区境内的四大沙漠和四大沙地治理成效显著，流动沙地和半固定沙地减少，固定沙地增加。这表明在这些区域，荒漠化治理取得了积极成效。

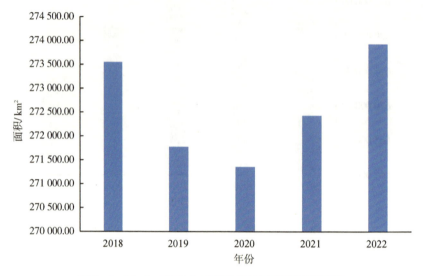

图 5-4　2018—2022 年内蒙古自治区荒漠覆盖面积

第五节　建筑用地

2018 年，内蒙古自治区建筑用地覆盖面积为 3 341.92km²，2019 年内蒙古全区建筑用地覆盖面积为 3 360.49km²，2020 年内蒙古全区建筑用地覆盖面积为 3 378.82km²，2021 年内蒙古全区建筑用地覆盖面积为 3 476.05km²，2022 年内蒙古全区建筑用地覆盖面积为 3 490.91km²。由图 5-5 可知，2018 年建筑用地面积最小，2022 年建筑用地面积最大。

根据《内蒙古自治区国土空间规划（2021—2035 年）》，内蒙古自治区在推进新型城镇化，推动城乡融合发展，促进城镇化与新型工业化、信息化、农牧业现代化深度融合。这一进程可能导致了建筑用地面积的增加，尤其是在城市和城镇地区。内蒙古自治区实施了一系列政策以支持建筑业的高质量发展，包括减轻企业负担、健全工程造价制度体系、支持龙头企业发展壮大等。这些政策可能促进了建筑业的发展，进而影响了建筑用地的需求和面积。

随着内蒙古自治区经济的发展，对建筑用地的需求也随之增加。特别是在城市化和工业化的推动下，建筑用地面积的增加反映了经济活动的扩张。根据《内蒙古自治区国土空间规划（2021—2035年）》，内蒙古自治区对未来建设方向有明确规划，包括构筑保障有力的综合运输通道和优化国土空间格局。内蒙古自治区推动发展装配式建筑，加强绿色建材推广应用，推动建设零碳建筑、超低能耗和近零能耗建筑。这些措施可能对建筑用地的利用效率和分布产生积极影响。

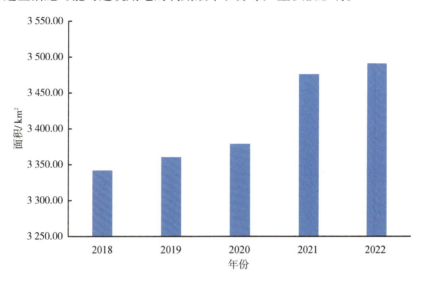

图 5-5　2018—2022 年内蒙古自治区建筑用地覆盖面积

第六节　水体

2018年，内蒙古自治区水体覆盖面积为 2 668.60km²，2019年内蒙古全区水体覆盖面积为 2 684.02km²，2020年内蒙古全区水体覆盖面积为 2 694.80km²，2021年内蒙古全区水体覆盖面积为 2 692.82km²，2022年内蒙古全区水体覆盖面积为 2 822.98km²。由图5-6可知，2018年水体覆盖面积最小，2022年水体覆盖面积最大。

内蒙古自治区的水体面积受季节影响较大，特别是在每年的9月至次年的2月湖泊水面积相对稳定。年度累积降水量对水体数量与水体面积均具有显著的正面作用。因此，降水量的年际变化可能是影响水体面积变化的一个重要因素。

人类活动，尤其是工矿开发、农业灌溉等，对地下水资源的消耗加剧了湖泊的萎缩，内蒙古表现最为突出。土地利用变化，如建设用地面积的增加，也可能导致水体面积的减少。内蒙古自治区实施了水污染防治行动计划，旨在改善水质和控制水体污染。此外，还有《内蒙古自治区湿地保护规划（2022—2030年）》，这些政策可能对水体保护和恢复产生了积极影响。

内蒙古自治区大力实施沿黄生态带建设、沙漠锁边、生态补水等工程，推进多沙粗沙区治理，水土流失状况呈现面积和强度双下降。这些工程可能有助于水体面积的增加和水质的改善。内蒙古自治区实行严格水资源刚性约束制度，黄河流域20个地下水超采区中有17个已达到采补平衡，农田灌溉用黄河水占比下降，黄河流域多个旗县（区）已建成节水型社会。这些措施有助于水资源的合理分配和水体面积的保护。

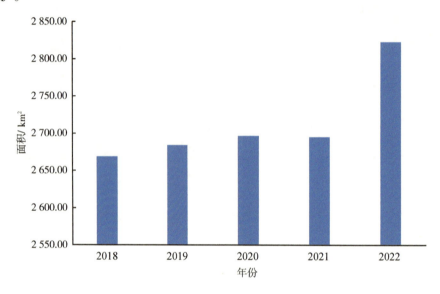

图 5-6　2018—2022 年内蒙古自治区水体覆盖面积

第六章

植被碳源／碳汇时空动态

第一节　内蒙古植被NEP时空动态

一、植被NEP空间分布模式

2001—2020年内蒙古年均NEP表现出明显的空间异质性。这是因为不同分区的植被类型和气候存在显著差异。2001—2020年内蒙古植被年均NEP为C 61.2 g·m^{-2}，NEP在空间上从东北向西南递减。东北森林地区年均NEP大多在C 200 g·m^{-2}以上，是典型碳汇区域。中部草原地区NEP大多集中在C 0 g·m^{-2}左右，从东向西由碳汇向碳源过渡。耕地NEP主要在C0～50 g·m^{-2}之间，略高于草地NEP。

2001—2020年内蒙古年均NEP的标准差也有明显的空间异质性，但与年均NEP模式不同。较大标准差（> C 55 g·m^{-2}）主要出现在东部的林草交错地带。意味着在这些地区，年NEP有着较大的波动，可能的原因是林草交错带属于典型生态脆弱区，易受气候变化影响而经历大规模的退化和再生过程。相比之下，中西部草原地区的标准差很低（< C 15 g·m^{-2}），这主要是因为该地区大多为荒漠草原，净生态系统生产力较低但相对稳定。

二、植被NEP年际变化趋势

2001—2020年内蒙古NEP年际变化率如表6-1所示。对于NEP年际变化率，大部分像元的值为正，意味着这些像元位置的NEP随时间增加。相反，有些像元值为负，说明这些像元位置的NEP随时间减少。不同变化率范围对应的面积百分比见表6-1。变化率为正的像元占比56.12%，变化率为负的像元占比43.82%。显然，NEP增加的面积大于NEP减少的面积。NEP增加的区域主要出现在内蒙古的东部和南部，而减少的区域主要出现在中西部的荒漠草原地区。此外，从年际变化趋势的显著性来看，大部分像元极显著增加（ESI），部分像元极显著较少（ESD）。

表6-1　2001—2020年内蒙古NEP年际变化率及趋势显著性像元比例

变化率（以C计）/(g·m^{-2}·a^{-1})	占比（%）	趋势	占比（%）
<-3	2.27	极显著增加（ESI）	56.1
-3～0	41.5	显著增加（SI）	0.01
0～3	45.1	无显著变化（NSC）	0.01

续　表

变化率（以C计）/(g·m⁻²·a⁻¹)	占比（%）	趋势	占比（%）
3～6	8.83	显著减少（SD）	0.02
>6	2.30	极显著减少（ESD）	43.8

图6-1（a）展示了2001—2020年内蒙古植被NEP总量。植被NEP总量有着明显的年际波动。2019年植被NEP总量最高，为C 140 Tg·a⁻¹；2007年最低，为C 89.7 Tg·a⁻¹。植被NEP总量的年际变化率为C 0.64 Tg·a⁻¹，并且草地年际变化趋势与植被NEP总量趋势一致。这是可以预期的，因为草地的总面积显著大于森林或耕地。森林对植被NEP总量的贡献（平均为43.5%）略低于草地，但高于耕地（11.3%）。值得注意的是，与草地NEP总量有明显波动不同，森林和耕地NEP总量的年际波动不大，在研究期间相对稳定。

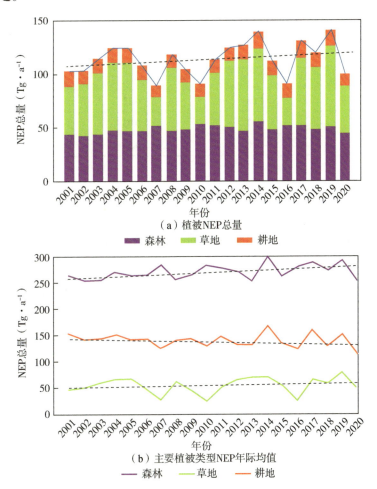

（a）植被NEP总量

（b）主要植被类型NEP年际均值

图6-1　2001—2020年内蒙古植被NEP总量及主要植被类型NEP年际均值

注：图中虚线为Theil-Sen拟合趋势线。

图6-1（b）展示了2001—2020年内蒙古森林、草地和耕地三种植被类型NEP的年际变化。三种植被类型的年际变化范围完全不同。年均NEP从高到低依次为森林（C 270 g·m⁻²）、耕地（C 140 g·m⁻²）、草地（C 54.7 g·m⁻²）。草地和耕地NEP在2007年和2010年出现了明显下降，这主要是因为这两年的极端干旱事件。低降水量抑制了植被的生长。值得注意的是，2007年森林NEP没有明显下降，这是因为2007年的干旱事件与持续高温有关。温度升高在一定程度上有利于森林NEP的增加，可能抵消了干旱导致的森林NEP减少。此外，森林和耕地NEP在2014年达到峰值，可能与太阳辐射有关，2014年的太阳辐射在整个研究周期中最高。NEP年际变化趋势拟合参数如表6-2所示。三种植被类型中，森林和草地的NEP拟合斜率为正，表明2001—2020年间，二者的NEP呈增加趋势，而耕地的NEP变化率为负，表明耕地NEP呈减少趋势。但应该注意到，三种植被类型的r^2均较小，而P值均较大，这意味着三者年际变化趋势并不显著。

表6-2　2001—2020年内蒙古三种植被类型年际NEP变化趋势的Theil-Sen拟合参数

植被类型	斜率	r^2	P
森林	1.08	0.22	0.09
草地	0.43	0.03	0.58
耕地	−0.89	0.20	0.27

三、气候因素对植被NEP的影响

2001—2020年NEP对三种气候因子的响应存在明显的空间异质性，但仍可以观察到大部分像元位置的年NEP与降水和太阳辐射的偏相关系数较大，只有少数像元位置与温度有着较大的偏相关系数。正相关的像元位置占32.3%，主要分布在东北林区和中南部草原；负相关的像元位置占67.7%，主要分布在中东部草原和林草交错带。对于年降水量，正相关的像元位置占71.4%，广泛分布于整个研究区，且大部分像元位置的相关系数值较高，负相关的像元位置占28.6%，主要出现在中部草原地区。对于太阳辐射，正相关的像元位置占55.5%，主要分布在东北林区和南部草原。负相关的像元位置占44.5%，主要分布在中部草原区。结果表明，降水是内蒙古NEP年际变化的首要驱动因素，受降水驱动的像元位置占42.6%。西部和东北部一些像元（占39.9%）的年际NEP首要受太阳辐射驱动，只有零星的像元位置（约占17.5%）首要受温度驱动。

四、不同植被类型NEP对气候因素的响应

森林、草地、耕地三种植被类型年NEP与三种气候因子之间的偏相关系数均值如表6-3所示。总体而言，三种植被类型与降水的相关性最强，其次是太阳辐射和温度。但不同植被类型对气候因子的响应有显著差异。森林NEP与三种气候因子之间的偏相关系数均为正，即森林NEP受三种气候因子共同驱动。草地NEP与降水和太阳辐射的偏相关系数均为正，降水的偏相关系数明显高于太阳辐射，因此草地受降水和太阳辐射共同驱动，但降水贡献更大。尽管耕地NEP与降水和太阳辐射的偏相关系数均为正，但降水的偏相关系数接近于0，因此可以认为耕地主要受太阳辐射驱动。

表6-3　三种植被类型年NEP与气候因子的平均二阶偏相关系数

气候因子	森林	草地	耕地
NEP—温度	0.02	−0.15	−0.08
NEP—降水	0.39	0.49	0.10
NEP—太阳辐射	0.28	0.20	0.30

第七章

内蒙古生态承载力现状

第一节　内蒙古生态足迹分析

一、十二盟市人均生态足迹突出点分析

内蒙古地区地域辽阔，东西跨度大，各地区人口、产业、面积、自然环境等情况均有所不同，这点同样呈现在生态足迹上。如图7-1所示，2018年至2022年间十二盟市的人均生态足迹差异略大，其中最突出的是阿拉善盟，整体数值水平相较其他盟市偏高，基本在70hm²/人以上90hm²/人以下。阿拉善盟人均生态足迹中占比最高的用地类型是化石能源用地，基本达到95%左右，相关能源消费量中原煤和焦炭的数值高、影响重，可以说明该盟对煤炭资源的利用较多。这其中在计算2020—2022年化石能源用地的人均生态足迹时使用的原煤与焦炭消费量为估算值，因此得到的结果并不完全准确，但仍可看出阿拉善盟人均生态足迹数值相对突出，在自治区内属于偏高水平。

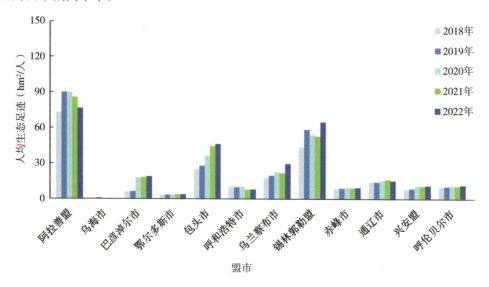

图7-1　2018—2022年十二盟市人均生态足迹

从图7-1上看，锡林郭勒盟的人均生态足迹数值也较突出，处于第二位，五年间分别为43.67hm²/人、58.62hm²/人、54.14hm²/人、52.92hm²/人、65.03hm²/人，基本在40~65hm²/人之间浮动，变化无明显规律。六类生态生产性土地中草地的人均生态足迹比重占10%~20%，对整体有明显影响，考虑主要是锡林郭勒盟草原面积

广阔，畜牧业更发达，相应生物资源产量更高的缘故。化石能源用地的人均生态足迹占75%～85%，依然为占比最高的用地类型。从化石能源消费来看，锡林郭勒盟的消费量要高出阿拉善盟近两倍，使用均衡因子折算后的生态足迹仍是前者略高，但在人口数值上前者也高出后者三倍左右，因此人均生态足迹值呈现锡林郭勒盟略低的状况。

包头市在图7-1中相对突出，五年均在25hm²/人以上，2021—2022年达45hm²/人左右，总体水平偏高且呈逐年上升趋势，上升幅度较大。人均生态足迹比重最高的是化石能源用地，基本占全市人均生态足迹的90%上下，从化石能源使用数据来看消费量大且较稳定，对煤炭资源的依赖程度非常高，原煤与焦炭的使用量比锡林郭勒盟更大，人均生态足迹更低同样是出于人口众多的因素。

乌兰察布市的人均生态足迹仅次于包头市，水平基本在20～30hm²/人左右，总体呈上升趋势，波动幅度不大。化石能源用地的人均生态足迹最高，占全市人均生态足迹的比重为80%～85%，原煤与焦炭的消费量高出阿拉善盟近一倍，但人口却超出其五倍。

乌海市的人均生态足迹则突出在"低"上，为2018—2022年各盟市间的最低水平，其数值分别0.98hm²/人、1.05hm²/人、0.58hm²/人、0.59hm²/人、0.51hm²/人，均低于1.1hm²/人；其中2019年有突出值超过了1hm²/人，随后下滑为2020年的0.58hm²/人，后两年基本维持在这一水平。观察收集数据发现，2019年后猪肉产量大幅下降，从7000多吨减少到低于2000吨，导致2020—2022年耕地的人均生态足迹值下降程度高，而耕地的人均生态足迹值是全市人均生态足迹值的重要组成部分，占比基本达50%甚至以上，因此考虑乌海市人均生态足迹自2019年后的变化主要是受上述原因的影响。

二、其余盟市人均生态足迹及总体分析

除阿拉善盟、锡林郭勒盟、包头市、乌兰察布市和乌海市五个较为突出的盟市外，其余盟市人均生态足迹水平相差额度较小，数值主要在3～16hm²/人之间。中部地区余下呼和浩特市，人均生态足迹值不高但相对集中，基本在8～11hm²/人之间。

东部区域的四个盟市，赤峰市、通辽市、兴安盟和呼伦贝尔市的人均生态足迹水平较为接近。四个盟市中通辽市的人均生态足迹略高，基本在15hm²/人上下浮动，排名为第五至第六；另外三个盟市的人均生态足迹略低，大致在9～12hm²/人之间波动，排名也基本在第七至第九之间交替，如表7-1所示。在六类生态生产性土地人均生态足迹的占比上，四个盟市主要情况如表7-2所示，通辽市、赤峰市和呼伦贝尔市化石能源用地人均生态足迹占全市人均生态足迹的比重基本在55%～70%，与阿拉善盟、锡林郭勒盟等盟市相比这一数值略低，说明这三个盟市的产业结构中对煤炭能源产业的偏重程度较小。兴安盟人均生态足迹占比最高的用地类型则是草地，化石能源用地人均生态足迹的占比基本是十二盟市间最低的，可表明该盟发展畜牧业较多，从数据看产业结构的均衡性更强。

表7-1　2018—2022年十二盟市人均生态足迹排名

	2018 年	2019 年	2020 年	2021 年	2022 年
呼和浩特市	6	7	9	10	10
包头市	3	3	3	3	3
呼伦贝尔市	7	6	8	8	7
兴安盟	9	9	7	7	8
通辽市	5	5	6	6	6
赤峰市	8	8	10	9	9
锡林郭勒盟	2	2	2	2	2
乌兰察布市	4	4	4	4	4
鄂尔多斯市	11	11	11	11	11
巴彦淖尔市	10	10	5	5	5
乌海市	12	12	12	12	12
阿拉善盟	1	1	1	1	1

表7-2 2018—2022年部分盟市人均生态足迹用地占比

年份		耕地	草地	化石能源用地		耕地	草地	化石能源用地
2018	通辽市	14.05%	17.77%	67.79%	赤峰市	18.66%	23.51%	57.30%
2019		13.14%	16.10%	70.41%		15.61%	24.05%	59.88%
2020		13.53%	17.68%	68.41%		17.56%	24.21%	57.76%
2021		13.72%	18.74%	67.15%		16.96%	24.96%	57.59%
2022		15.57%	20.35%	63.67%		18.03%	25.09%	56.37%

年份		耕地	草地	化石能源用地		耕地	草地	化石能源用地
2018	兴安盟	28.69%	43.52%	27.18%	呼伦贝尔市	13.94%	26.73%	59.12%
2019		26.69%	42.91%	29.96%		12.30%	26.92%	60.55%
2020		23.73%	48.54%	27.29%		12.04%	26.19%	61.52%
2021		22.88%	53.67%	23.04%		13.42%	29.83%	56.46%
2022		22.95%	48.55%	28.11%		12.77%	26.58%	60.11%

　　西部区域余下巴彦淖尔市和鄂尔多斯市，前者人均生态足迹略高，基本在12～20hm²/人之间，前两年与后三年的差值较大，与前两年林地面积为零有关，具体原因在各论中阐述。巴彦淖尔市人均生态足迹中化石能源用地和草地的人均生态足迹占比较高。鄂尔多斯市人均生态足迹值较低考虑主要是受遥感数据采集的林地面积为零影响，导致基于净初级生产力计算的均衡因子也为零，从而使采用林地均衡因子的化石能源用地的人均生态足迹为零，若其均衡因子不为零，根据其原煤消费量等指标来看，鄂尔多斯的人均生态足迹或可高于阿拉善盟和锡林郭勒盟。

　　在测算十二盟市的人均生态足迹时发现，大部分盟市的人均生态足迹受化石能源用地影响最大，这与自治区煤炭产业、人口燃气需求，经济发展需求等因素有关，其中煤炭产业影响呈现的最直观。其次占比较高的用地类型是草地和耕地，根据测算结果显示，基本全部盟市的草地人均生态足迹在其总体人均生态足迹中占比排第二位，这与内蒙古草原面积广阔、畜牧业发达有直接关系。

第二节　内蒙古生态承载力分析

一、十二盟市人均生态承载力突出点分析

　　与2018—2022年十二盟市的人均生态足迹值相比，人均生态承载力则较低，总体在0～15hm²/人之间，且地域差别也比较大。据图7-2所示，人均生态承载力水平最高的为锡林郭勒盟，数值在11.70～13.50hm²/人之间，高低值差异较小，在1.5hm²/人左右，变化无明显规律，其中草地人均生态承载力占比最高，基本达98%，与盟内草原面积占比高有关。

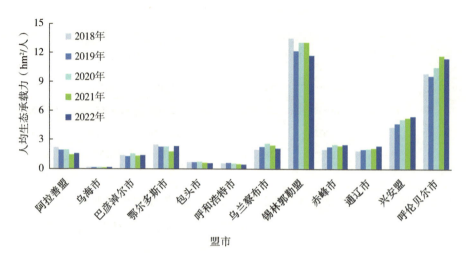

图 7-2　2018—2022 年十二盟市人均生态承载力

乌海市人均生态承载力仍处于十二盟市的最低水平，总体在 0.1hm²/人左右微弱浮动。由于生态承载力涉及产量因子、均衡因子与土地面积三个指标，前两者的计算也使用土地面积，且人口并不是十二盟市中最少的，因此考虑乌海市人均生态承载力较低与其区域面积最小有直接关系。

各盟市间人均生态承载力排第二位的是呼伦贝尔市，总体数值在 9.5～11.7hm²/人之间，各年份差值不大，波动较小无明显规律。盟市人均生态承载力占比最高的是林地和草地的人均生态承载力，两者水平相近，基本占据总体 90% 的数值，产生这一现象主要受到呼伦贝尔市草原和森林面积广阔的影响。

二、其余盟市人均生态承载力及总体分析

除锡林郭勒盟、乌海市和呼伦贝尔市三个盟市，其余盟市的人均生态承载力差距有所缩小，总体在 0.4～5.4hm²/人之间。其中包头市和呼和浩特市水平相近，基本在 0.5hm²/人上下徘徊。中部区域最后一个盟市乌兰察布市的人均生态承载力水平居中，在 2hm²/人左右，变动轨迹呈抛物线状，总体有下降趋势。

东部区域的赤峰市、通辽市和兴安盟的人均生态承载力水平在各盟市中相对较高。其中兴安盟排第三位，人均生态承载力值在 4.2～5.5hm²/人之间，且呈逐年微弱上升趋势。赤峰市与通辽市的人均生态承载力水平略低于兴安盟，基本围绕在 2hm²/人波动。三个盟市的人均生态承载力中占比最大的用地类型均是草地，且赤峰市的草地面积是三者中最高的，但最终兴安盟的人均生态承载力最高是由于其人口远少于赤峰市，因此生态承载力均值更高，这一点上通辽市与赤峰市情况相同。

西部其余的三个盟市中，巴彦淖尔市人均生态承载力水平较低，基本在1.2～1.5hm²/人之间，但比较平稳，变化幅度小。鄂尔多斯市和阿拉善盟生态承载力接近，基本在1.4～2.5hm²/人之间。

各盟市人均生态承载力中草地的贡献度基本为最高的，这依旧与自治区草原面积广阔有重要关系。除此之外，人口和土地生产力也会对各盟市人均生态承载力产生直接影响。

第三节　内蒙古生态余量分析

一、十二盟市人均生态余量突出点分析

生态余量是生态承载力与生态足迹的差值，因此当生态承载力远低于生态足迹且数值较平稳时，生态余量会与生态足迹变化的联系更强，若余量出现负值即赤字时波动趋势与生态足迹相反，生态足迹高则生态余量低，表述为赤字时则是生态足迹与生态赤字正向变化，且赤字数值不加负号。根据图7-3所示，十二盟市人均生态余量基本均为负值，即为生态赤字状况，只有呼伦贝尔市在2021年出现微弱盈余。其中阿拉善盟的生态赤字在图中显示为各盟市的首位，其人均生态足迹与人均生态承载力差值过大，即使考虑人均生态足迹的准确性因素，也可看出赤字情况的严重程度。

人均生态赤字第二高的盟市为锡林郭勒盟，具体在30～55hm²/人之间，属于比较严重的情况，赤字波动幅度较大且无明显规律，整体变动轨迹与人均生态足迹相一致。该盟的人均生态承载力为十二盟市中最高，但人均生态足迹远超出承载力四倍左右，因此赤字水平仍较高。

包头市人均生态赤字与人均生态足迹情况相似，同样排在第三位，具体数值基本在25～45hm²/人之间，且赤字逐年增高，情况也比较严重。乌兰察布市的人均生态赤字占到第四位，基本在20hm²/人以下，只2022年较高在27hm²/人左右，与当年人均生态足迹较高有关。

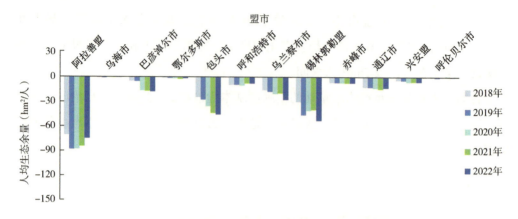

图7-3　2018—2022年十二盟市人均生态余量

以上四个盟市的六类生态生产性土地中对赤字影响最大的基本均为化石能源用地，由于化石能源地的生态承载力计零值，关于该类用地的消费足迹将全部转化为赤字，当其人均生态足迹较高时人均生态赤字也同样高。

呼伦贝尔市和乌海市的人均生态余量水平接近，赤字部分均在1hm²/人以下。其中前者赤字情况更轻，2021年还有微弱的生态盈余，在各盟市中生态余量状态最好，这主要是因为呼伦贝尔市人均生态足迹与人均生态承载力差额较小，趋近于零。这其中值得注意的是乌海市的遥感数据中测算的林地面积为零，影响化石能源用地的人均生态足迹计算，由于存在林地面积太小没有被遥感捕捉的情况，意味着乌海的生态赤字情况可能会更严重一些。

二、其余盟市人均生态余量及总体分析

其余六盟市间人均生态赤字水平的差距则较缓和，在1～15hm²/人之间。中部区域的呼和浩特市人均生态赤字情况较轻，总体在7～10hm²/人之间。

东部区域其余三个盟市的人均生态赤字水平在自治区中居中。其中通辽市赤字最高，原因主要在于人均生态承载力较人均生态足迹更低，基本只到后者的15%左右，且其在三个盟市中人均生态足迹高而人均生态承载力最低，因此赤字值也最高。赤峰市的人均生态赤字相对轻，基本在6.5～7.5hm²/人之间。兴安盟的人均生态承载力水平较高而人均生态足迹较低，因此赤字情况不严重，基本在6hm²/人以下。

西部区域其余两个盟市的人均生态赤字情况与各自人均生态足迹在自治区的水平较一致，其中巴彦淖尔市后三年的赤字较高，主要受到人均生态足迹高的影响。

鄂尔多斯市赤字情况则与乌海市相同，可能受到林地面积零值影响，比呈现的赤字更严重，且严重程度较高。

根据上文分析可以发现，关于十二盟市的人均生态赤字，有一半的盟市在6～20hm²/人左右，四分之一的盟市在1～5hm²/人之间，但由于阿拉善盟、锡林郭勒盟、包头市的人均生态余量负值较突出，且有部分盟市可能存在隐藏赤字的情况。总的来说，内蒙古的生态赤字情况还是非常严重的。

第四节　可持续发展相关建议

根据计算结果及分析来看，内蒙古自治区的生态承载力与生态足迹非常不匹配，基本全部盟市都处于生态赤字的状况，要保持长远、可持续的发展，至少要使生态足迹与生态承载力持平，降低前者并提升后者，尽量减轻生态余量的赤字情况，促进生态盈余的增长。

一、降低生态足迹——节能减排降废，优化产业结构

自治区是矿产资源大省，对化石能源尤其是煤炭资源的依赖较强，十二盟市间有九成以上化石能源用地的人均生态足迹在本盟市中贡献度排第一位，且远高于其他几类生态生产性土地，因此节能减排是降低生态足迹的重要关注点。在现代经济社会发展下，完全停止化石能源的使用，剥离化石能源工业的影响并不现实，应从调整能源结构、优化产业结构、发展绿色经济入手，在保证必要供应的基础上，逐步降低对化石能源的依赖。因地制宜，根据自治区海拔相对高日照较充足、风力资源较丰富等特点，推广太阳能和风能，并研究提升此类清洁能源的利用技术，保障能源供应的稳定性，逐步加大对清洁能源的利用，如采取风能为主煤炭交替辅助的发电方式。在推广绿色能源的同时发展新能源产业，如风电、光伏、氢能、储能等产业集群，逐步减小传统能源工业的比重。

化石能源的消费还存在产生碳排放和各类污染的问题，因此除了调整能源结构，还应坚持清洁生产，倡导高污染、高排放的企业配备清洁生产设备，以便在污染进入外界前提供一道安全筛查；同时做好大气污染等相关污染监测，及时提示排放超标的企业进行整改，尽量减少污染外溢，为生态环境自主净化能力减轻负担。

此外，可以着力发展旅游业，提升第三产业对经济的贡献。自治区拥有广阔的

草原和独特的风土人情，且地域分异较大，各盟市均有不同的旅游资源，针对各地不同情况研究发展方式，开发生态旅游、文化旅游等特色旅游业，在保护景区环境的基础下，合理有效的利用旅游资源。

二、提升生态承载力——保护生态生产土地，加强土地资源管理

从人口增长、经济发展和食物、能源需求等因素上看，短时间内要使生态足迹产生大幅下降并不现实，调整能源结构、产业结构等也需要一个过程，因此不能只谋求降低生态损耗，而是同时保护和提升生态承载力，保障均衡状态的维持，这就需要保护生态生产性土地，提高其承载能力。

由计算数据来看，自治区的生态承载力中贡献度最高的用地类型是草地，与草原面积广阔有重要关联，保护草原生态对提升整体承载力具有积极作用。目前针对草原已实行分区管控政策，限制开发活动以最大限度减少对草原生态的破坏，同时倡导科学放牧，使草地能够休养生息，提高其生态活力，在落实相关保护措施的基础上更要长期坚持，保障效果。

有四分之三的盟市人均生态承载力占比排第二位的是耕地，耕地具有产出粮食及其他种植作物的重要功能，为居民日常生活提供必要食物，负担较重，应采取科学种植方式，推广现代农业技术，进行适宜有效的农业生产，在保持中逐步提升耕地生产能力。有六分之一的盟市是林地的人均生态承载力较高，比重不大，但林地的生态功能非常重要，对其保护也不容懈怠，应优化干旱地区造林技术，根据不同区域情况选取合适树种，加大植树造林力度。自治区水域面积不广阔，但也不能放松，要注意防治水污染，保护有限水资源和水生态安全。

在实行保护措施时也要建立相关监督机制，做好惩戒规则的制定，严禁随意占用、破坏农用地以及各类用地具有的生态功能。同时可以加强对闲置土地的管理，定期了解土地资源闲置状况，统筹各类用地情况，置换回收利用率低、利用不合理的土地，提高土地集约利用率。

三、保护与发展并行——用好媒体宣传教育，培养生态保护思维

分析发现，人口对生态承载力、生态足迹均有重要影响。人口众多时，生态承载力分摊到每个人身上会更少，纵使人均生态足迹不高，但乘以人数后也会变得可观，由于增加年轻劳动力和降低老龄化的需要，短时间内很难从数量上控制人口，因此提升人口素质，把保护生态的思维方式植入每个人的心中，对可持续发展具有

重要意义。转变意识并非一日之功，而是需要循序渐进、日久天长的影响，应该在日常教育中给予少年儿童生态保护思维的培养，各阶段的学校分别开设相关课程或者在授课中融入相关要素；家庭教育中通过身教言传等方式从小影响其个人生态保护意识。社会中加强生态文明思想宣传，用好新时代新媒体，采用群众喜闻乐见的短视频、情景剧等方式进行科普宣讲，倡导资源节约、环境保护、绿色消费等理念，潜移默化地通过意识转变促进对生态消耗的降低，以及对生态活力的保护。

第三篇 各 论

第八章

呼和浩特市

第一节　土地利用时空动态

2018年，呼和浩特市森林覆盖面积为0.19km²，耕地面积为2 227.98km²，建筑用地面积为265.65km²，草地面积为14 666.57km²，水体面积为8.91km²，荒漠面积为4.40km²。2018年呼和浩特市土地利用空间格局如图8-1所示。

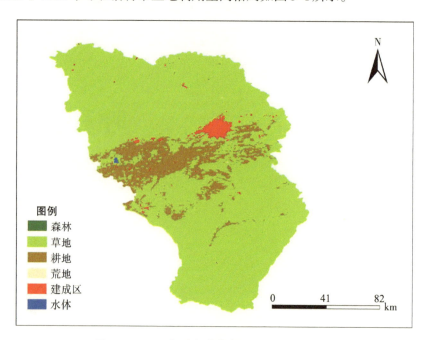

图 8-1　2018 年呼和浩特市土地利用空间格局

2019年，呼和浩特市森林覆盖面积为0.19km²，耕地面积为2 299.74km²，建筑用地面积为269.05km²，草地面积为14 590.91km²，水体面积为8.91km²，荒漠面积为4.90km²。2019年呼和浩特市土地利用空间格局如图8-2所示。

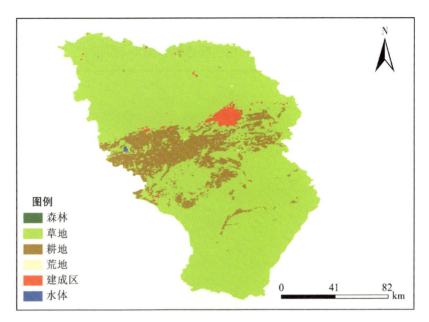

图 8-2 2019 年呼和浩特市土地利用空间格局

2020年，呼和浩特市森林覆盖面积为0.42km²，耕地面积为2 392.13km²，建筑用地面积为272.64km²，草地面积为14 495.23km²，水体面积为8.91km²，荒漠面积为4.37km²。2020年呼和浩特市土地利用空间格局如图8-3所示。

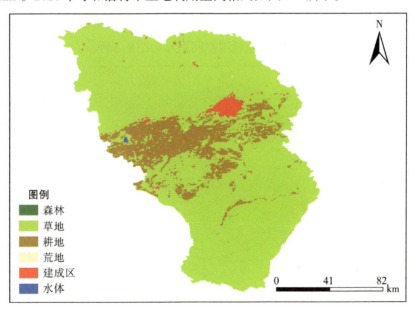

图 8-3 2020 年呼和浩特市土地利用空间格局

2021年，呼和浩特市森林覆盖面积为0.94km²，耕地面积为2 402.46km²，建筑用地面积为287.78km²，草地面积为14 469.43km²，水体面积为8.91km²，荒漠面积为4.18km²。2021年呼和浩特市土地利用空间格局如图8-4所示。

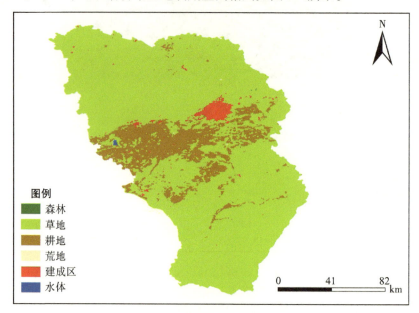

图 8-4　2021年呼和浩特市土地利用空间格局

2022年，呼和浩特市森林覆盖面积为0.75km²，耕地面积为2 361.09km²，建筑用地面积为288.53km²，草地面积为14 510.63km²，水体面积为8.91km²，荒漠面积为3.78km²。2022年呼和浩特市土地利用空间格局如图8-5所示。

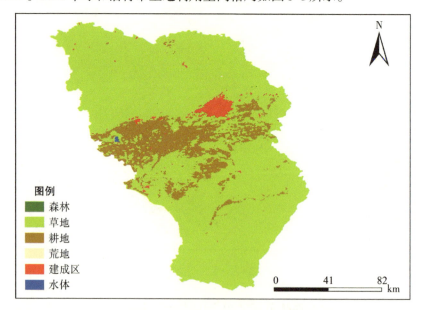

图 8-5　2022年呼和浩特市土地利用空间格局

第二节　植被NEP空间分布模式

2018年，内蒙古呼和浩特市碳源面积为1 881.48km²，碳源平均值为70.31gC/m²；碳汇的面积为1 984.67km²，碳汇的平均值为82.21gC/m²。2018年内蒙古呼和浩特市碳源/碳汇空间分布如图8-6所示。

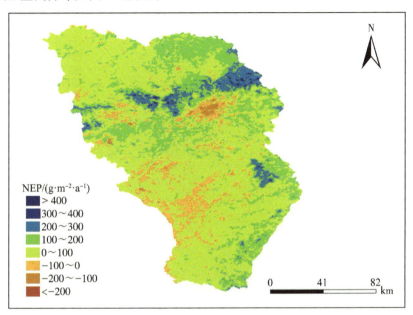

图8-6　2018年呼和浩特市碳源/碳汇空间分布图

2019年，内蒙古呼和浩特市碳源面积为744.83km²，碳源平均值为39.81gC/m²；碳汇的面积为16 428.88km²，碳汇的平均值为135.02gC/m²。与2018年相比，碳源面积增长-60.41%，碳源平均值增长26.64%；碳汇面积增长7.43%，碳汇平均值增长58.50%。2019年内蒙古呼和浩特市碳源/碳汇空间分布如图8-7所示。

2020年，内蒙古呼和浩特市碳源面积为1 681.37km²，碳源平均值为29.64gC/m²；碳汇的面积为15 492.33km²，碳汇的平均值为112.46gC/m²。与2019年相比，碳源面积增长125.74%，碳源平均值增长-25.55%；碳汇面积增长-5.70%，碳汇平均值增长-16.71%。2020年内蒙古呼和浩特市碳源/碳汇空间分布如图8-8所示。

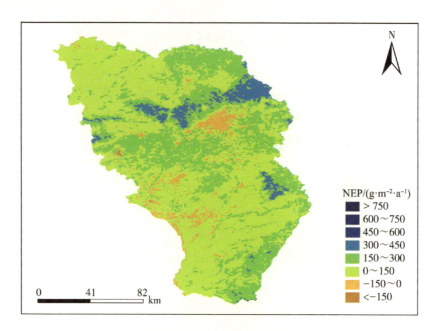

图 8-7　2019 年呼和浩特市碳源 / 碳汇空间分布图

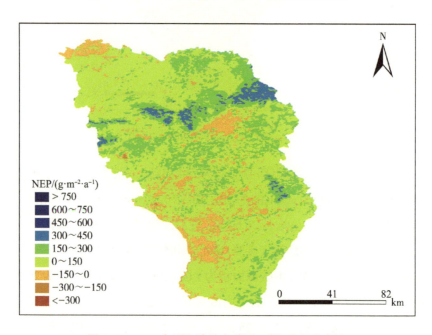

图 8-8　2020 年呼和浩特市碳源 / 碳汇空间分布图

　　2021 年，内蒙古呼和浩特市碳源面积为 2 131.08km²，碳源平均值为 33.10 gC/m²；碳汇的面积为 15 042.62 km²，碳汇的平均值为 112.07gC/m²。与 2020 年相比，碳源面积增长 26.75%，碳源平均值增长 11.66%；碳汇面积增长 –2.90%，碳汇平均值增长 –0.35%。2021 年内蒙古呼和浩特市碳源 / 碳汇空间分布如图 8-9 所示。

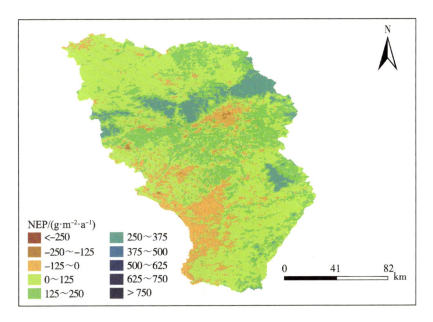

图 8-9　2021 年呼和浩特市碳源 / 碳汇空间分布图

2022 年，内蒙古呼和浩特市碳源面积为 2 364.43km²，碳源平均值为 1.78gC/m²；碳汇的面积为 14 809.27km²，碳汇的平均值为 95.99gC/m²。与 2021 年相比，碳源面积增长 10.95%，碳源平均值增长 –3.96%；碳汇面积增长 –1.55%，碳汇平均值增长 –14.34%。2022 年内蒙古呼和浩特市碳源 / 碳汇空间分布如图 8-10 所示。

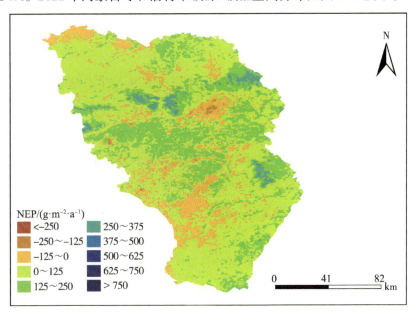

图 8-10　2022 年呼和浩特市碳源 / 碳汇空间分布图

第三节　生态足迹现状

一、2018—2022年生态足迹总体分析

呼和浩特市2018—2022年的人均生态足迹分别为10.12hm²/人、10.07hm²/人、10.72hm²/人、7.94hm²/人、8.28hm²/人，总体在7.94～10.72hm²/人之间波动。如图8-11所示，前三年的人均生态足迹均维持在10hm²/人以上，后两年略有所下降，变化无明显规律。

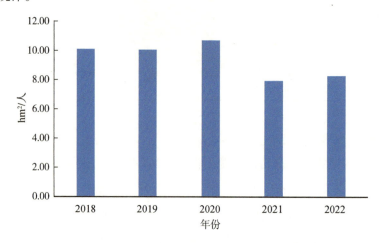

图 8-11　呼和浩特人均生态足迹

二、2018—2022年各类用地生态足迹分析

根据计算得到呼和浩特市六类生态生产性土地的人均生态足迹。分析表8-1可以发现，呼和浩特市人均生态足迹占比最高、影响最大的是化石能源用地，其人均生态足迹值在2018—2022年分别为7.852 4hm²/人、7.780 0hm²/人、8.374 6hm²/人、5.443 6hm²/人、5.650 7hm²/人，其中最高值在2020年，最低值在2021年，最高值与最低值差额约为2.93hm²/人，整体波动的幅度相对其他类型用地较大。

草地与耕地的人均生态足迹分别占到第二、第三名。前者较高，其人均生态足迹值分别为1.757 0hm²/人、1.756 0hm²/人、1.775 7hm²/人、1.889 2hm²/人、1.989 6hm²/人，总体靠近2hm²/人，呈现稳定上升趋势但上升幅度较小。耕地的人均生态足迹值分别为0.436 0hm²/人、0.460 2hm²/人、0.500 2hm²/人、0.537 7hm²/人、0.578 6hm²/人，总体在0.5hm²/人左右轻微波动。

表8-1　呼和浩特市各类用地人均生态足迹

单位：$hm^2/$人

年份	耕地	草地	林地	水域	建筑用地	化石能源用地
2018	0.436 0	1.757 0	0.007 8	0.042 1	0.024 8	7.852 4
2019	0.460 2	1.756 0	0.008 3	0.039 4	0.024 0	7.780 0
2020	0.500 2	1.775 7	0.006 8	0.036 1	0.024 1	8.374 6
2021	0.537 7	1.889 2	0.005 4	0.041 8	0.024 5	5.443 6
2022	0.578 6	1.989 6	0.005 2	0.033 7	0.025 7	5.650 7

　　林地、水域和建筑用地2018—2022年的人均生态足迹水平较低，均低于0.05hm²/人，其中水域的人均生态足迹值略高，分别为0.042 1hm²/人、0.039 4hm²/人、0.036 1hm²/人、0.041 8hm²/人、0.033 7hm²/人，较接近于0.05hm²/人；建筑用地情况居中，人均生态足迹分别为0.024 8hm²/人、0.024 0hm²/人、0.024 1hm²/人、0.024 5hm²/人、0.025 7hm²/人；林地人均生态足迹值最低，分别为0.007 8hm²/人、0.008 3hm²/人、0.006 8hm²/人、0.005 4hm²/人、0.005 2hm²/人，均低于0.01hm²/人。

　　总体来讲呼和浩特市2018—2022年各类用地的人均生态足迹情况基本为化石能源用地＞草地＞耕地＞水域＞建筑用地＞林地。

第四节　生态承载力现状

一、2018—2022年生态承载力总体分析

　　呼和浩特市2018—2022年的人均生态承载力分别为0.54hm²/人、0.61hm²/人、0.53hm²/人、0.47hm²/人、0.43hm²/人，总体在0.43～0.61hm²/人之间波动。如图8-12所示，2018—2019年有小幅上升，从2019年开始呈下降趋势，整体呈先升后降趋势。

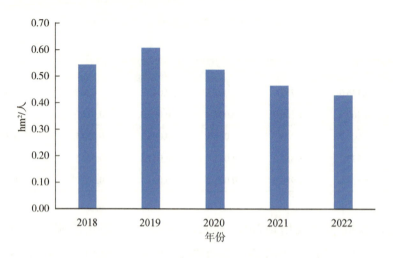

图 8-12　呼和浩特市人均生态承载力

二、2018—2022年各类用地生态承载力分析

根据计算得到呼和浩特市六类生态生产性土地的人均生态承载力。由表8-2可知，呼和浩特市人均生态承载力中整体水平最高的是草地，其人均生态承载力值2018—2022年分别为0.471 94hm²/人、0.526 62hm²/人、0.443 24hm²/人、0.387 75hm²/人、0.358 75hm²/人，其中最高值在2019年，最低值在2022年，最高值与最低值差额约为0.17hm²/人，波动幅度较小。

表8-2　呼和浩特市各类用地人均生态承载力

单位：hm²/人

年份	耕地	草地	林地	水域	建筑用地	化石能源用地
2018	0.064 79	0.471 94	0.000 01	0.000 22	0.007 72	0
2019	0.073 03	0.526 62	0.000 01	0.000 19	0.008 54	0
2020	0.073 64	0.443 24	0.000 02	0.000 19	0.008 39	0
2021	0.069 46	0.387 75	0.000 03	0.000 19	0.008 32	0
2022	0.063 73	0.358 75	0.000 02	0.000 04	0.007 79	0

耕地的人均生态承载力水平次之，分别为0.064 79hm²/人、0.073 03hm²/人、0.073 64hm²/人、0.069 46hm²/人、0.063 73hm²/人，最高值与最低值差额约为0.01hm²/人，围绕0.07hm²/人上下浮动。

林地、水域和建筑用地2018—2022年的人均生态承载力水平较低，均低于0.01hm²/人，其中建筑用地人均生态承载力值略高，分别为0.007 72hm²/人、0.008 54hm²/人、0.008 39hm²/人、0.008 32hm²/人、0.007 79hm²/人，较接近于0.01hm²/人；水域对应数值居中，分别为0.000 22hm²/人、0.000 19hm²/人、0.000 19hm²/人、0.000 19hm²/人、0.000 04hm²/人，2022年为最低值；林地人均生态承载力值水平最低，分别为0.000 01hm²/人、0.000 01hm²/人、0.000 02hm²/人、0.000 03hm²/人、0.000 02hm²/人，均小于0.000 05hm²/人。

总体来讲，呼和浩特市2018—2022年各类用地的人均生态承载力情况基本为草地>耕地>建筑用地>水域>林地>化石能源用地。

第五节　生态余量现状

一、2018—2022年生态余量总体分析

通过对呼和浩特市人均生态足迹与人均生态承载力进行分析，可以发现总体上人均生态足迹高于人均生态承载力，这导致人均生态余量呈现赤字。

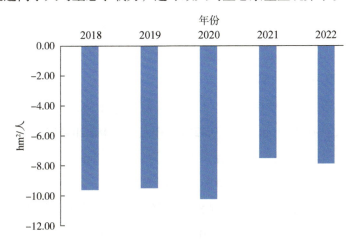

图8-13　呼和浩特市人均生态余量

呼和浩特市2018—2022年的人均生态余量分别为-9.58hm²/人、-9.46hm²/人、-10.19hm²/人、-7.48hm²/人、-7.85hm²/人，总体在-10.19hm²/人至-7.48hm²/人之间波动。如图8-13所示，人均生态余量变化轨迹受人均生态足迹影响大，赤字情况在十二盟市中相对较轻。

二、2018—2022年各类用地生态余量总体分析

根据表8-3所示，2018—2022年六类生态生产性土地中，化石能源用地的人均生态余量呈现相对较高赤字状态，分别为–7.852 4hm²/人、–7.780 0hm²/人、–8.374 6hm²/人、–5.443 6hm²/人、–5.650 7hm²/人，最高赤字与最低赤字之间差额约为2.93hm²/人。从数字上来看呼和浩特市的人均生态赤字与人均生态足迹完全一致，这是因为化石能源用地在测算中是不具有生态承载力数值的，即形成多少生态足迹就会产生多少生态赤字。

表8-3　呼和浩特市各类用地人均生态余量

单位：hm²/人

年份	耕地	草地	林地	水域	建筑用地	化石能源用地
2018	–0.371 2	–1.285 0	–0.007 8	–0.041 9	–0.017 1	–7.852 4
2019	–0.387 1	–1.229 4	–0.008 3	–0.039 3	–0.015 4	–7.780 0
2020	–0.426 6	–1.332 5	–0.006 7	–0.035 9	–0.015 7	–8.374 6
2021	–0.468 2	–1.501 5	–0.005 4	–0.041 6	–0.016 2	–5.443 6
2022	–0.514 8	–1.630 8	–0.005 2	–0.033 6	–0.017 9	–5.650 7

草地的人均生态余量分别为–1.285 0hm²/人、–1.229 4hm²/人、–1.332 5hm²/人、–1.501 5hm²/人、–1.630 8hm²/人，最高赤字与最低赤字之间差额约为0.4hm²/人，波动小，赤字为六类用地中的第二位。

耕地人均生态赤字程度再次之，人均生态余量均在–0.5hm²/人左右徘徊，分别为–0.371 2hm²/人、–0.387 1hm²/人、–0.426 6hm²/人、–0.468 2hm²/人、–0.514 8hm²/人。水域的人均生态赤字较耕地轻，分别为–0.041 9hm²/人、–0.039 3hm²/人、–0.035 9hm²/人、–0.041 6hm²/人、–0.033 6hm²/人。

林地和建筑用地的生态赤字情况相对更轻，其中建筑用地的人均生态余量负值略高，分别为–0.017 1hm²/人、–0.015 4hm²/人、–0.015 7hm²/人、–0.016 2hm²/人、–0.017 9hm²/人；林地的人均生态余量分别为–0.007 8hm²/人、–0.008 3hm²/人、–0.006 7hm²/人、–0.005 4hm²/人、–0.005 2hm²/人，其中2021—2022年赤字情况最轻微。

总体来讲，呼和浩特市2018—2022年各类用地的人均生态赤字情况基本为化石能源用地＞草地＞耕地＞水域＞建筑用地＞林地。

第九章

包头市

第一节   土地利用时空动态

2018年，包头市森林覆盖面积为0.38km²，耕地面积为1 326.66km²，建筑用地面积为451.18km²，草地面积为25 734.11km²，荒漠面积为57.34km²。2018年包头市土地利用空间格局如图9-1所示。

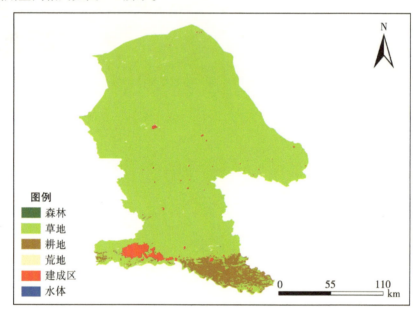

图9-1   2018年包头市土地利用空间格局

2019年，包头市森林覆盖面积为0.38km²，耕地面积为1 297.51km²，建筑用地面积为453.83km²，草地面积为25 763.35km²，荒漠面积为54.60km²。2019年包头市土地利用空间格局如图9-2所示。

2020年，包头市森林覆盖面积为0.57km²，耕地面积为13 377.41km²，建筑用地面积为455.16km²，草地面积为25 662.92km²，水体面积为0.92km²，荒漠面积为72.69km²。2020年包头市土地利用空间格局如图9-3所示。

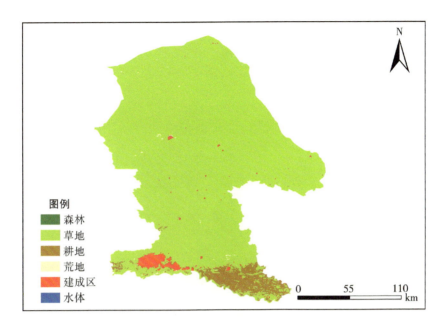

图 9-2　2019 年包头市土地利用空间格局

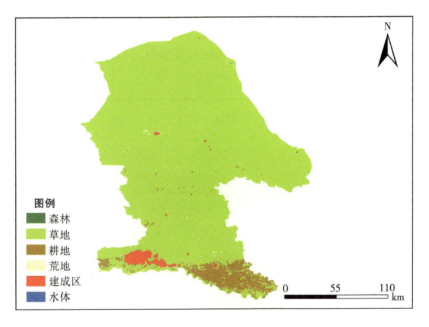

图 9-3　2020 年包头市土地利用空间格局

　　2021年，包头市森林覆盖面积为0.38km²，耕地面积为1 361.79km²，建筑用地面积为476.20km²，草地面积为25 663.27km²，水体面积为0.55km²，荒漠面积为67.49km²。2021年包头市土地利用空间格局如图9-4所示。

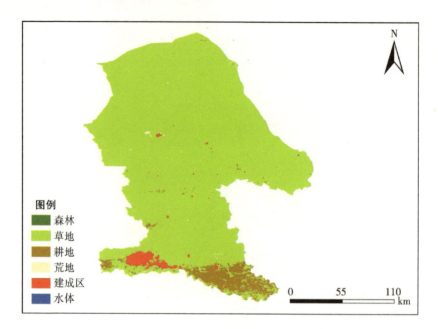

图 9-4 2021 年包头市土地利用空间格局

2022年，包头市森林覆盖面积为0.38km²，耕地面积为1 331.57km²，建筑用地面积为477.90km²，草地面积为25 694.01km²，荒漠面积为65.81km²。2022年包头市土地利用空间格局如图9-5所示。

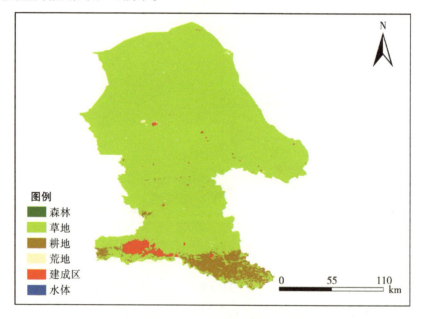

图 9-5 2022 年包头市土地利用空间格局

第二节 植被NEP空间分布模式

2018年，内蒙古包头市碳源面积为15 510.22km²，碳源平均值为39.14gC/m²；碳汇的面积为12 059.45km²，碳汇的平均值为47.34gC/m²。2018年内蒙古包头市碳源/碳汇空间分布如图9-6所示。

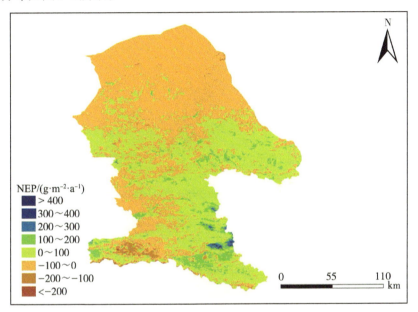

图 9-6 2018年包头市碳源/碳汇空间分布图

2019年，内蒙古包头市碳源面积为12 127.92km²，碳源平均值为35.74gC/m²；碳汇的面积为15 441.75km²，碳汇的平均值为56.68gC/m²。与2018年相比，碳源面积增长为-21.81%，碳源平均值增长-8.70%；碳汇面积增长28.05%，碳汇平均值增长19.73%。2019年内蒙古包头市碳源/碳汇空间分布如图9-7所示。

2020年，内蒙古包头市碳源面积为17 934.55km²，碳源平均值为51.93gC/m²；碳汇的面积为9 635.11km²，碳汇的平均值为73.33gC/m²。与2019年相比，碳源面积增长47.88%，碳源平均值增长45.31%；碳汇面积增长-37.60%，碳汇平均值增长-29.37%。2020年内蒙古包头市碳源/碳汇空间分布如图9-8所示。

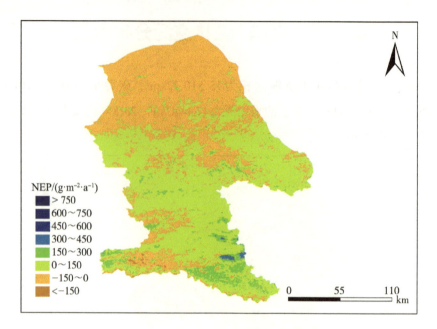

图 9-7 2019 年包头市碳源 / 碳汇空间分布图

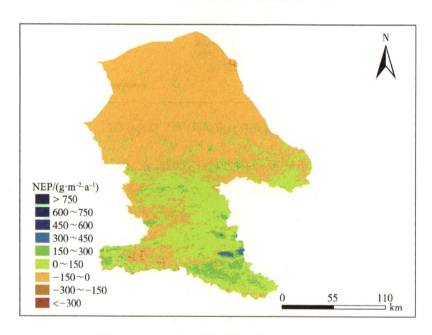

图 9-8 2020 年包头市碳源 / 碳汇空间分布图

2021年，内蒙古包头市碳源面积为 17 996.96km²，碳源平均值为 44.54gC/m²；碳汇的面积为 9 572.71km²，碳汇的平均值为 63.88gC/m²。与2020年相比，碳源面积增长 0.35%，碳源平均值增长 −14.23%；碳汇面积增长 −0.65%，碳汇平均值增长为 −12.88%。2021年内蒙古包头市碳源/碳汇空间分布如图9-9所示。

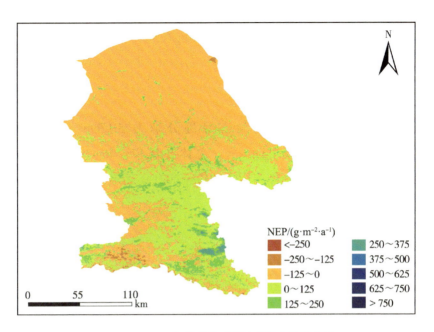

图 9-9 2021 年包头市碳源 / 碳汇空间分布图

2022年，内蒙古包头市碳源面积为 19 854.57km²，碳源平均值为 42.52gC/m²；碳汇的面积为 7 715.10km²，碳汇的平均值为 64.48gC/m²。与2021年相比，碳源面积增长 10.32%，碳源平均值增长 –4.55%；碳汇面积增长 –19.41%，碳汇平均值增长 0.92%。2022年内蒙古包头市碳源/碳汇空间分布如图9-10所示。

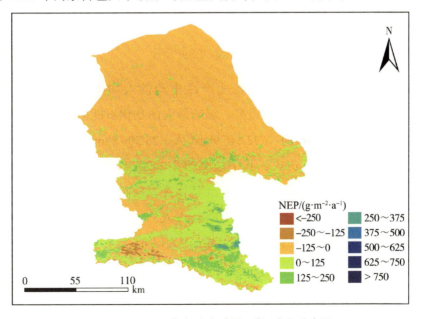

图 9-10 2022 年包头市碳源 / 碳汇空间分布图

第三节　生态足迹现状

一、2018—2022年生态足迹总体分析

包头市2018—2022年的人均生态足迹分别为25.17hm²/人、28.14hm²/人、36.18hm²/人、44.64hm²/人、46.47hm²/人，总体在25.17～46.47hm²/人之间。如图9-11所示，数值呈逐年上升趋势，其中2019—2021年逐年上升的幅度略大，均在8hm²/人左右。

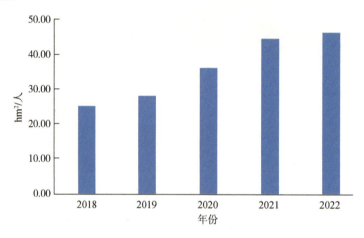

图9-11　包头市人均生态足迹

二、2018—2022年各类用地生态足迹分析

根据计算得到包头市六类生态生产性土地的人均生态足迹。由表9-1可知，包头市人均生态足迹中占比最高、影响最大的是化石能源用地，其人均生态足迹值2018—2022年分别为22.646 9hm²/人、25.509 8hm²/人、33.390 9hm²/人、41.849 0hm²/人、43.815 1hm²/人，其中最高值在2022年，最低值在2018年，最高值与最低值差额约为21.17hm²/人，五年间整体涨幅较高。草地的人均生态足迹水平次之，分别为1.728 6hm²/人、1.726 9hm²/人、1.750 3hm²/人、1.732 4hm²/人、1.591 7hm²/人，最低值在2022年，降至1.6hm²/人以下。

表9-1　包头市各类用地人均生态足迹

单位：hm²/人

年份	耕地	草地	林地	水域	建筑用地	化石能源用地
2018	0.718 3	1.728 6	0.027 8	0.000 0	0.043 4	22.646 9
2019	0.820 8	1.726 9	0.025 6	0.000 0	0.058 1	25.509 8
2020	0.928 4	1.750 3	0.025 4	0.012 9	0.068 2	33.390 9
2021	0.933 2	1.732 4	0.025 5	0.035 0	0.068 9	41.849 0
2022	0.955 9	1.591 7	0.023 6	0.000 0	0.078 9	43.815 1

　　耕地的人均生态足迹水平排第三位，分别为0.718 3hm²/人、0.820 8hm²/人、0.928 4hm²/人、0.933 2hm²/人、0.955 9hm²/人，总体在0.9hm²/人左右轻微波动。

　　林地、水域和建筑用地2018—2022年的人均生态足迹水平较低，其中建筑用地人均生态足迹值略高，分别为0.043 4hm²/人、0.058 1hm²/人、0.068 2hm²/人、0.068 9hm²/人、0.078 9hm²/人，呈逐年上升趋势；林地人均生态足迹值分别为0.027 8hm²/人、0.025 6hm²/人、0.025 4hm²/人、0.025 5hm²/人、0.023 6hm²/人，较为稳定；水域人均生态足迹最低，只在2020—2021年有数值，分别为0.012 9hm²/人、0.035 0hm²/人，其余三年均为零，考虑是受这三年水域面积的遥感数据为零影响。

　　总体来讲，包头市2018—2022年各类用地的人均生态足迹情况基本为化石能源用地＞草地＞耕地＞建筑用地＞林地＞水域。

第四节　生态承载力现状

一、2018—2022年生态承载力总体分析

　　包头市2018—2022年的人均生态承载力分别为0.67hm²/人、0.66hm²/人、0.71hm²/人、0.60hm²/人、0.56hm²/人，在0.56～0.71hm²/人之间波动。如图9-12所示，五年内有两个下降阶段，2018—2019年微降，2020—2022年逐年下降，下降幅度略高于前两年。

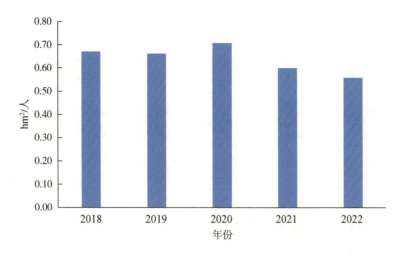

图9-12　包头市人均生态承载力

二、2018—2022年各类用地生态承载力分析

根据计算得到包头市六类生态生产性土地的人均生态承载力。由表9-2可知，包头市人均生态承载力中整体水平最高的是草地，其人均生态承载力值2018—2022年分别为0.590 161hm²/人、0.551 713hm²/人、0.582 274hm²/人、0.497 207hm²/人、0.441 034hm²/人，其中最高值在2018年，最低值在2022年，最高值与最低值差额约为0.15hm²/人，波动幅度较小。

表9-2　包头市各类用地人均生态承载力

单位：hm²/人

年份	耕地	草地	林地	水域	建筑用地	化石能源用地
2018	0.060 469	0.590 161	0.000 047	0.000 000	0.020 565	0
2019	0.081 787	0.551 713	0.000 047	0.000 000	0.028 607	0
2020	0.093 942	0.582 274	0.000 078	0.000 004	0.031 043	0
2021	0.075 678	0.497 207	0.000 068	0.000 010	0.026 463	0
2022	0.085 772	0.441 034	0.000 068	0.000 000	0.030 784	0

耕地人均生态承载力水平次之，分别为0.060 469hm²/人、0.081 787hm²/人、0.093 942hm²/人、0.075 678hm²/人、0.085 772hm²/人，最高值与最低值差额约为0.03hm²/人。建筑用地的人均生态承载力值排第三位，分别为0.020 565hm²/人、0.028 607hm²/人、0.031 043hm²/人、0.026 463hm²/人、0.030 784hm²/人，最高值与最低值差额约为0.01hm²/人，起伏微弱。

除化石能源用地外，林地和水域2018—2022年的人均生态承载力水平处于最低，其中林地人均生态承载力值水平分别为0.000 047hm²/人、0.000 047hm²/人、0.000 078hm²/人、0.000 068hm²/人、0.000 068hm²/人，均小于0.000 1hm²/人；水域人均生态承载力只在2020—2021年有数值，分别为0.000 004hm²/人、0.000 010hm²/人，其余三年均为零，考虑与水域人均生态足迹值数据状态同因。

总体来讲，包头市2018—2022年各类用地的人均生态承载力情况基本为草地＞耕地＞建筑用地＞林地＞水域＞化石能源用地。

第五节　生态余量现状

一、2018—2022年生态余量总体分析

通过对包头市人均生态足迹与人均生态承载力进行分析，可以发现总体上人均生态足迹高于人均生态承载力，这导致人均生态余量呈现赤字。

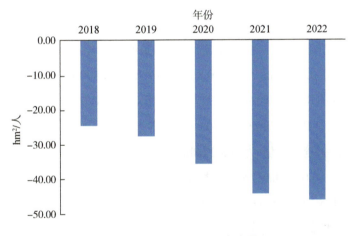

图 9-13　包头市人均生态余量

包头市2018—2022年的人均生态余量分别为–24.49hm²/人、–27.48hm²/人、–35.47hm²/人、–44.04hm²/人、–45.91hm²/人，总体在–45.91hm²/人至–24.49hm²/人之间。如图9-13所示，赤字情况比较严重，呈逐年加重趋势，但加重幅度有所减小。

二、2018—2022年各类用地生态余量总体分析

根据表9-3所示，2018—2022年六类生态生产性土地中，化石能源用地人均生态余量呈现相对较高赤字状态，分别为–22.6469hm²/人、–25.5098hm²/人、–33.3909hm²/人、–41.8490hm²/人、–43.8151hm²/人，最高赤字与最低赤字之间差额约为21.17hm²/人。

表9-3　包头市各类用地人均生态余量

单位：hm²/人

年份	耕地	草地	林地	水域	建筑用地	化石能源用地
2018	−0.6579	−1.1384	−0.0278	0.0000	−0.0228	−22.6469
2019	−0.7391	−1.1752	−0.0255	0.0000	−0.0295	−25.5098
2020	−0.8344	−1.1680	−0.0253	−0.0129	−0.0372	−33.3909
2021	−0.8575	−1.2351	−0.0255	−0.0350	−0.0424	−41.8490
2022	−0.8701	−1.1507	−0.0235	0.0000	−0.0482	−43.8151

草地的赤字情况次之，人均生态余量分别为–1.1384hm²/人、–1.1752hm²/人、–1.1680hm²/人、–1.2351hm²/人、–1.1507hm²/人，最高赤字与最低赤字之间差额约为0.1hm²/人，波动幅度微弱。耕地人均生态余量负值水平居中，分别为–0.6579hm²/人、–0.7391hm²/人、–0.8344hm²/人、–0.8575hm²/人、–0.8701hm²/人。

林地、水域和建筑用地的生态赤字情况相对轻，其中建筑用地人均生态余量为–0.0228hm²/人、–0.0295hm²/人、–0.0372hm²/人、–0.0424hm²/人、–0.0482hm²/人；林地的人均生态余量为–0.0278hm²/人、–0.0255hm²/人、–0.0253hm²/人、–0.0255hm²/人、–0.0235hm²/人；水域的人均生态余量只有2020—2021年有数值，分别为–0.0129hm²/人、–0.0350hm²/人，其余三年均为零，与人均生态足迹和人均生态承载力呈现状态原因相同。

总体来讲，包头市2018—2022年各类用地的人均生态赤字情况基本为化石能源用地＞草地＞耕地＞建筑用地＞林地＞水域。

第十章

呼伦贝尔市

第一节　土地利用时空动态

2018年，呼伦贝尔市森林覆盖面积为107 247.16km²，耕地面积为33 314.93km²，建筑用地面积为924.17km²，草地面积为108 967.25km²，水体面积为2 124.46km²，荒漠面积为182.96km²。2018年呼伦贝尔市土地利用空间格局如图10-1所示。

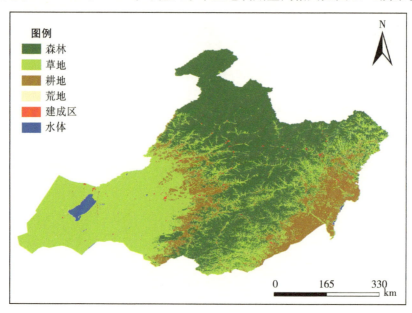

图 10-1　2018 年呼伦贝尔市土地利用空间格局

2019年，呼伦贝尔市森林覆盖面积为104 858.65km²，耕地面积为32 562.98km²，建筑用地面积为925.16km²，草地面积为112 105.15km²，水体面积为2 139.43km²，荒漠面积为169.57km²。2019年呼伦贝尔市土地利用空间格局如图10-2所示。

2020年，呼伦贝尔市森林覆盖面积为107 133.38km²，耕地面积为30 928.65km²，建筑用地面积为926.86km²，草地面积为111 458.61km²，水体面积为2 146.04km²，荒漠面积为167.39km²。2020年呼伦贝尔市土地利用空间格局如图10-3所示。

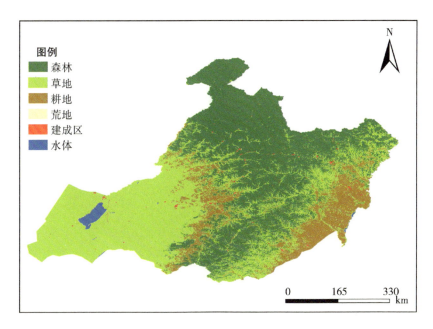

图 10-2　2019 年呼伦贝尔市土地利用空间格局

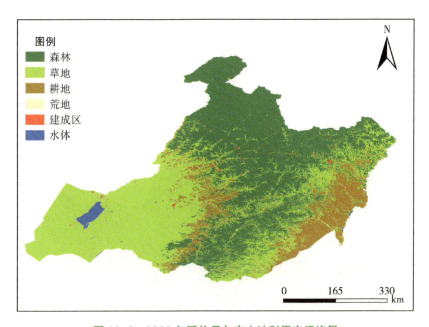

图 10-3　2020 年呼伦贝尔市土地利用空间格局

　　2021年，呼伦贝尔市森林覆盖面积为105 783.22km²，耕地面积为32 413.55km²，建筑用地面积为935.88km²，草地面积为111 288.00km²，水体面积为2 172.68km²，荒漠面积为167.61km²。2021年呼伦贝尔市土地利用空间格局如图10-4所示。

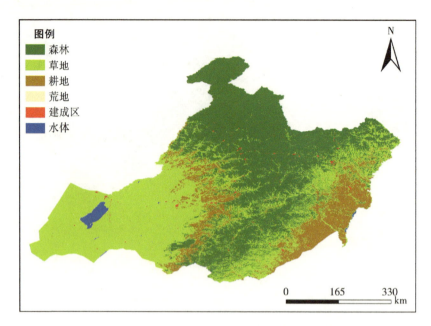

图 10-4　2021 年呼伦贝尔市土地利用空间格局

　　2022年，呼伦贝尔市森林覆盖面积为109 033.42km²，耕地面积为33 707.70km²，建筑用地面积为937.04km²，草地面积为106 613.17km²，水体面积为2 307.21km²，荒漠面积为162.39km²。2022年呼伦贝尔市土地利用空间格局如图10-5所示。

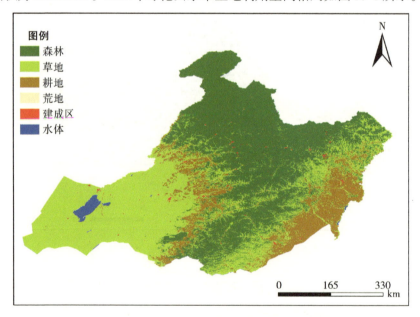

图 10-5　2022 年呼伦贝尔市土地利用空间格局

第二节　植被NEP空间分布模式

2018年，内蒙古呼伦贝尔市碳源面积为12 155.91km²，碳源平均值为29.54gC/m²；碳汇的面积为240 605.53km²，碳汇的平均值为212.41gC/m²。2018年内蒙古呼伦贝尔市碳源/碳汇空间分布如图10-6所示。

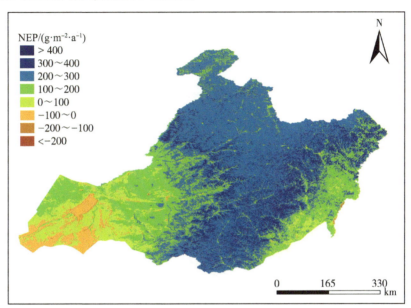

图 10-6　2018 年呼伦贝尔市碳源/碳汇空间分布图

2019年，内蒙古呼伦贝尔市碳源面积为4 026.89km²，碳源平均值为44.20gC/m²；碳汇的面积为248 734.05km²，碳汇的平均值为219.59gC/m²。与2018年相比，碳源面积增长-66.87%，碳源平均值增长49.63%；碳汇面积增长3.38%，碳汇平均值增长3.38%。2019年内蒙古呼伦贝尔市碳源/碳汇空间分布如图10-7所示。

2020年，内蒙古呼伦贝尔市碳源面积为21 718.05km²，碳源平均值为38.31gC/m²；碳汇的面积为231 042.88km²，碳汇的平均值为190.22gC/m²。与2019年相比，碳源面积增长439.33%，碳源平均值增长-13.32%；碳汇面积增长-7.11%，碳汇平均值增长-13.37%。2020年内蒙古呼伦贝尔市碳源/碳汇空间分布如图10-8所示。

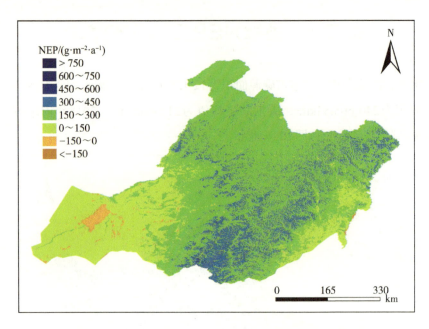

图 10-7　2019 年呼伦贝尔市碳源／碳汇空间分布图

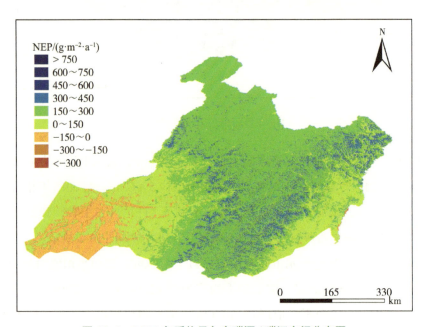

图 10-8　2020 年呼伦贝尔市碳源／碳汇空间分布图

2021年，内蒙古呼伦贝尔市碳源面积为 10 443.35km²，碳源平均值为 43.86gC/m²；碳汇的面积为 242 317.59km²，碳汇的平均值为 179.62 gC/m²。与2020年相比，碳源面积增长 -51.91%，碳源平均值增长 14.48%；碳汇面积增长 4.88%，碳汇平均值增长为 -5.57%。2021年内蒙古呼伦贝尔市碳源/碳汇空间分布如图 10-9 所示。

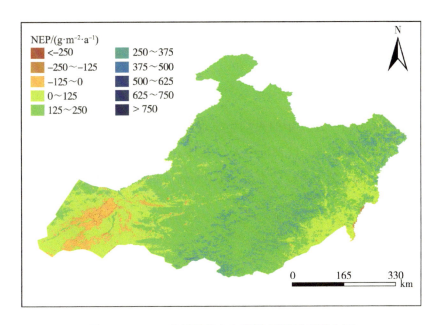

图 10-9 2021 年呼伦贝尔市碳源／碳汇空间分布图

2022年，内蒙古呼伦贝尔市碳源面积为 7 624.59km²，碳源平均值为 31.47gC/m²；碳汇的面积为 245 136.34km²，碳汇的平均值为 210.07gC/m²。与2021年相比，碳源面积增长 –26.99%，碳源平均值增长 –28.26%；碳汇面积增长 1.16%，碳汇平均值增长 16.95%。2022年内蒙古呼伦贝尔碳源/碳汇空间分布如图10-10所示。

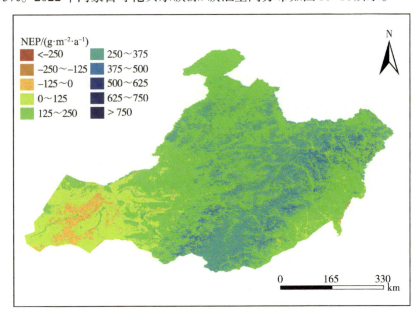

图 10-10 2022 年呼伦贝尔市碳源／碳汇空间分布图

第三节　生态足迹现状

一、2018—2022年生态足迹总体分析

呼伦贝尔市2018—2022年的人均生态足迹分别为10.04hm²/人、10.50hm²/人、10.81hm²/人、10.97hm²/人、11.81hm²/人，总体在10.04～11.81hm²/人之间。如图10-11所示，各年间数值水平较稳定，均在10hm²/人以上，呈逐年缓慢上升趋势。

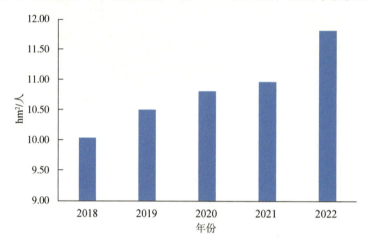

图10-11　呼伦贝尔市人均生态足迹

二、2018—2022年各类用地生态足迹分析

根据计算得到呼伦贝尔市六类生态生产性土地的人均生态足迹。由表10-1可知，呼伦贝尔市人均生态足迹中占比最高、影响最大的是化石能源用地，其人均生态足迹值2018—2022年分别为5.933 5hm²/人、6.360 1hm²/人、6.650 8hm²/人、6.193 7hm²/人、7.101 5hm²/人，其中最高值在2022年，最低值在2018年，五年间总体水平上升约1.2hm²/人，涨幅相对较小。草地的人均生态足迹水平次之，分别为2.682 6hm²/人、2.828 2hm²/人、2.830 8hm²/人、3.272 7hm²/人、3.140 3hm²/人，基本在3hm²/人左右浮动，2018年稍低。

耕地人均生态足迹水平排第三，分别为1.399 4hm²/人、1.291 8hm²/人、1.302 1hm²/人、1.472 4hm²/人、1.508 6hm²/人，基本在1.3～1.5hm²/人之间轻微波动。

表 10-1　呼伦贝尔市各类用地人均生态足迹

单位：hm²/人

年份	耕地	草地	林地	水域	建筑用地	化石能源用地
2018	1.399 4	2.682 6	0.000 8	0.005 0	0.015 8	5.933 5
2019	1.291 8	2.828 2	0.000 8	0.007 0	0.016 6	6.360 1
2020	1.302 1	2.830 8	0.000 9	0.007 3	0.018 8	6.650 8
2021	1.472 4	3.272 7	0.000 8	0.010 0	0.019 8	6.193 7
2022	1.508 6	3.140 3	0.000 8	0.041 2	0.021 3	7.101 5

林地、水域和建筑用地2018—2022年的人均生态足迹水平较低，均低于0.05hm²/人，其中建筑用地人均生态足迹值为三者中最高，分别为0.015 8hm²/人、0.016 6hm²/人、0.018 8hm²/人、0.019 8hm²/人、0.021 3hm²/人，基本在0.02hm²/人左右波动；水域人均生态足迹值分别为0.005 0hm²/人、0.007 0hm²/人、0.007 3hm²/人、0.010 0hm²/人、0.041 2hm²/人；林地人均生态足迹值全市最低，分别为0.000 8hm²/人、0.000 8hm²/人、0.000 9hm²/人、0.000 8hm²/人、0.000 8hm²/人，2018—2022年均低于0.001hm²/人。

总体来讲，呼伦贝尔市2018—2022年各类用地的人均生态足迹情况基本为化石能源用地＞草地＞耕地＞建筑用地＞水域＞林地。

第四节　生态承载力现状

一、2018—2022年生态承载力总体分析

呼伦贝尔市2018—2022年的人均生态承载力分别为9.85hm²/人、9.59hm²/人、10.49hm²/人、11.66hm²/人、11.40hm²/人，总体在9.59～11.66hm²/人之间波动。如图10-12所示，该市人均生态承载力在2018—2019年呈下降趋势，2019—2021年上升，2022年又下降，总体波浪式轻微浮动，数值在各盟市中相对较高。

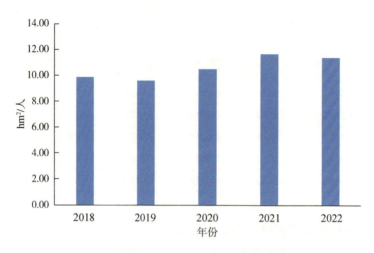

图 10-12　呼伦贝尔市人均生态承载力

二、2018—2022年各类用地生态承载力分析

根据计算得到呼伦贝尔市六类生态生产性土地的人均生态承载力。由表 10-2 可知，呼伦贝尔市人均生态承载力中整体水平最高的是林地和草地，其中草地的人均生态承载力略低，2018—2022 年的数值分别为 4.103 3hm²/人、3.941 3hm²/人、4.150 1hm²/人、5.516 4hm²/人、4.804 5hm²/人，其中最高值在 2021 年，最低值在 2019 年，最高值与最低值差额约为 1.6hm²/人，波动幅度较小。林地人均生态承载力值稍高于草地，分别为 4.577 9hm²/人、4.549 3hm²/人、5.196 5hm²/人、4.789 5hm²/人、5.199 6hm²/人，其中最高值在 2022 年，最低值在 2019 年，最高值与最低值差额约为 0.65hm²/人，波动幅度较小。根据数据来看，呼伦贝尔市林草地面积较广阔，考虑林草地的生态承载力受这一因素影响呈现为较高水平。

表 10-2　呼伦贝尔市各类用地人均生态承载力

单位：hm²/人

年份	耕地	草地	林地	水域	建筑用地	化石能源用地
2018	1.138 1	4.103 3	4.577 9	0.001 5	0.031 6	0
2019	1.067 9	3.941 3	4.549 3	0.002 5	0.030 3	0
2020	1.104 1	4.150 1	5.196 5	0.002 4	0.033 1	0
2021	1.311 8	5.516 4	4.789 5	0.004 0	0.037 9	0
2022	1.331 2	4.804 5	5.199 6	0.026 1	0.037 0	0

耕地的人均生态承载力水平排第三位，五年间数值分别为 1.138 1hm²/人、1.067 9hm²/人、1.104 1hm²/人、1.311 8hm²/人、1.331 2hm²/人，最高值与最低值差

额约为0.26hm²/人，较为稳定。

建筑用地和水域2018—2022年的人均生态承载力水平较低，其中建筑用地略高，分别为0.031 6hm²/人、0.030 3hm²/人、0.033 1hm²/人、0.037 9hm²/人、0.037 0hm²/人；除化石能源用地外，水域的人均生态承载力值也为全市最低，分别为0.001 5hm²/人、0.002 5hm²/人、0.002 4hm²/人、0.004 0hm²/人、0.026 1hm²/人，基本在0.003hm²/人左右轻微波动，2022年有一个高值，超过了0.02hm²/人。

总体来讲，呼伦贝尔市2018—2022年各类用地的人均生态承载力情况基本为林地＞草地＞耕地＞建筑用地＞水域＞化石能源用地。

第五节 生态余量现状

一、2018—2022年生态余量总体分析

通过对呼伦贝尔市人均生态足迹与人均生态承载力进行分析，可以发现总体上人均生态足迹高于人均生态承载力，大部分年份呈现生态赤字。

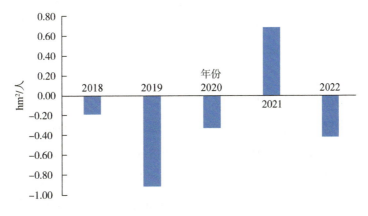

图10-13 呼伦贝尔市人均生态余量

呼伦贝尔市2018—2022年的人均生态余量分别为–0.18hm²/人、–0.91hm²/人、–0.32hm²/人、0.69hm²/人、–0.42hm²/人，在–0.91hm²/人至0.69hm²/人之间波动。如图10-13所示，数值波动频繁且无明显规律，其中2021年有生态盈余，但总体上还是以生态赤字为主。

二、2018—2022年各类用地生态余量分析

根据表10-3所示，呼伦贝尔市2018—2022年六类生态生产性土地中化石能源用地人均生态余量的赤字状态最严重，分别为-5.933 5hm²/人、-6.360 1hm²/人、-6.650 8hm²/人、-6.193 7hm²/人、-7.101 5hm²/人，最高赤字与最低赤字之间差额约为1.2hm²/人，赤字整体呈缓慢加重趋势。

表10-3　呼伦贝尔市各类用地人均生态余量

单位：hm²/人

年份	耕地	草地	林地	水域	建筑用地	化石能源用地
2018	-0.261 3	1.420 8	4.577 1	-0.003 5	0.015 8	-5.933 5
2019	-0.224 0	1.113 1	4.548 5	-0.004 5	0.013 7	-6.360 1
2020	-0.198 1	1.319 3	5.195 7	-0.004 9	0.014 3	-6.650 8
2021	-0.160 6	2.243 7	4.788 7	-0.005 9	0.018 0	-6.193 7
2022	-0.177 4	1.664 2	5.198 7	-0.015 1	0.015 8	-7.101 5

耕地的赤字情况次之，人均生态余量分别为-0.261 3hm²/人、-0.224 0hm²/人、-0.198 1hm²/人、-0.160 6hm²/人、-0.177 4hm²/人，最高赤字与最低赤字之间差额约为0.1hm²/人。水域的赤字水平为第三位，其人均生态余量分别为-0.003 5hm²/人、-0.004 5hm²/人、-0.004 9hm²/人、-0.005 9hm²/人、-0.015 1hm²/人，生态赤字情况相对轻。

值得注意的是，有三类用地的人均生态余量出现盈余，分别是林地、草地和建筑用地。其中建筑用地人均生态盈余较微弱，基本在0.015hm²/人浮动，分别为0.015 8hm²/人、0.013 7hm²/人、0.014 3hm²/人、0.018 0hm²/人、0.015 8hm²/人。林地人均生态盈余最高，分别为4.577 1hm²/人、4.548 5hm²/人、5.195 7hm²/人、4.788 7hm²/人、5.198 7hm²/人，主要是受其人均生态承载力高而人均生态足迹较低影响。草地人均生态余量分别为1.420 8hm²/人、1.113 1hm²/人、1.319 3hm²/人、2.243 7hm²/人、1.664 2hm²/人，其人均生态承载力水平与林地相近，但人均生态足迹水平高于林地，因此生态余量较林地更低。

总体来讲，呼伦贝尔市2018—2022年各类用地的人均生态赤字情况基本为化石能源用地＞耕地＞水域，人均生态盈余情况为林地＞草地＞建筑用地。

第十一章

兴安盟

第一节　土地利用时空动态

2018年，兴安盟森林覆盖面积为3 750.89km²，耕地面积为4 051.79km²，建筑用地面积为196.51km²，草地面积为46 981.13km²，水体面积为70.83km²，荒漠面积为34.17km²。2018年兴安盟土地利用空间格局如图11-1所示。

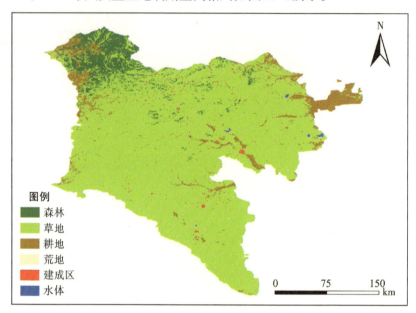

图 11-1　2018 年兴安盟土地利用空间格局

2019年，兴安盟森林覆盖面积为3 378.84km²，耕地面积为4 220.96km²，建筑用地面积为197.21km²，草地面积为47 176.63km²，水体面积为79.11km²，荒漠面积为32.58km²。2019年兴安盟土地利用空间格局如图11-2所示。

2020年，兴安盟森林覆盖面积为3 621.87km²，耕地面积为4 362.04km²，建筑用地面积为199.28km²，草地面积为46 789.03km²，水体面积为81.92km²，荒漠面积为31.18km²。2020年兴安盟土地利用空间格局如图11-3所示。

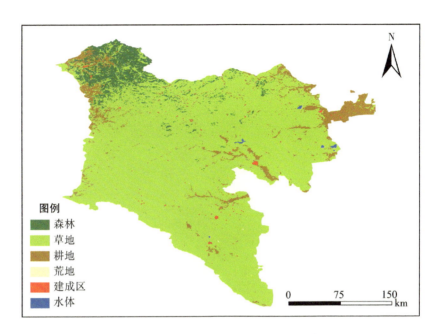

图 11-2　2019 年兴安盟土地利用空间格局

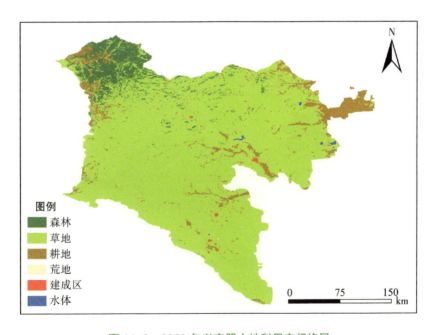

图 11-3　2020 年兴安盟土地利用空间格局

2021年，兴安盟森林覆盖面积为 3 485.06km²，耕地面积为 4 546.57km²，建筑用地面积为 201.53km²，草地面积为 46 727.67km²，水体面积为 95.70km²，荒漠面积为 28.79km²。2021年兴安盟土地利用空间格局如图 11-4 所示。

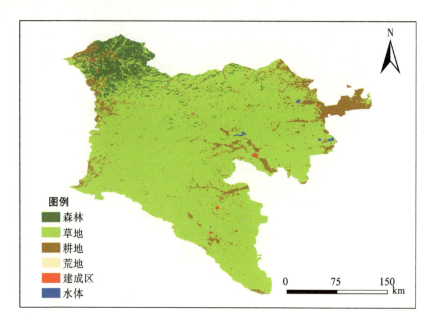

图 11-4 2021 年兴安盟土地利用空间格局

2022年，兴安盟森林覆盖面积为 3 494.20km²，耕地面积为 5 417.66km²，建筑用地面积为 201.70 km²，草地面积为 45 849.50km²，水体面积为 94.96km²，荒漠面积为 27.30km²。2022年兴安盟土地利用空间格局如图 11-5 所示。

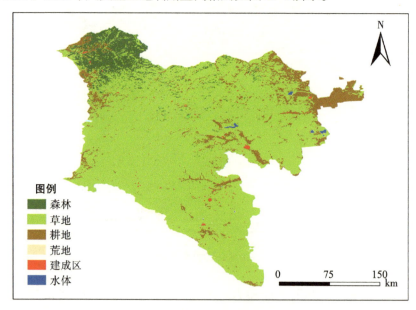

图 11-5 2022 年兴安盟土地利用空间格局

第二节　植被NEP空间分布模式

2018年，内蒙古兴安盟碳源面积为1 881.14km²，碳源平均值为48.08gC/m²；碳汇的面积为53 204.18km²，碳汇的平均值为179.40gC/m²。2018年内蒙古兴安盟碳源/碳汇空间分布如图11-6所示。

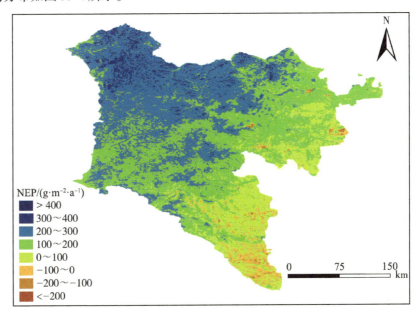

图 11-6　2018 年兴安盟碳源 / 碳汇空间分布图

2019年，内蒙古兴安盟碳源面积为1 201.14km²，碳源平均值为46.53gC/m²；碳汇的面积为53 884.18km²，碳汇的平均值为205.34gC/m²。与2018年相比，碳源面积增长-36.15%，碳源平均值增长-3.22%；碳汇面积增长1.28%，碳汇平均值增长14.46%。2019年内蒙古兴安盟碳源/碳汇空间分布如图11-7所示。

2020年，内蒙古兴安盟碳源面积3 503.82km²，碳源平均值为50.01gC/m²；碳汇面积51 581.49km²，碳汇的平均值为162.47gC/m²。与2019年相比，碳源平均值增长7.49%，碳汇平均值增长-20.88%。2020年内蒙古兴安盟碳源/碳汇空间分布如图11-8所示。

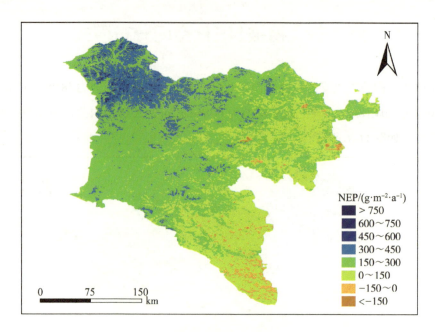

图 11-7　2019 年兴安盟碳源 / 碳汇空间分布图

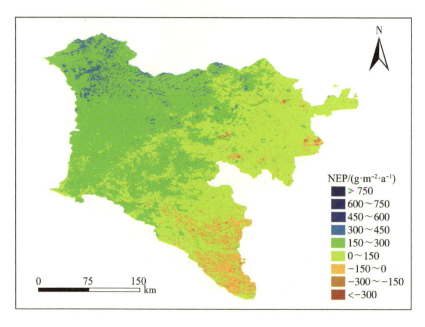

图 11-8　2020 年兴安盟碳源 / 碳汇空间分布图

2021年，内蒙古兴安盟碳源面积为17 92.28km²，碳源平均值为62.62 gC/m²；碳汇的面积为53 293.04km²，碳汇的平均值为175.89 gC/m²。与2020年相比，碳源面积增长−48.85%，碳源平均值增长25.22%，碳汇面积增长3.32%，碳汇平均值增长8.26%。2021年内蒙古兴安盟碳源/碳汇空间分布如图11-9所示。

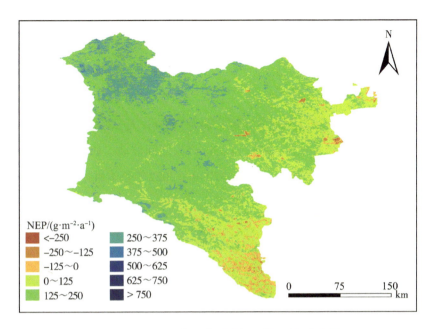

图 11- 9 2021 年兴安盟碳源／碳汇空间分布图

2022年，内蒙古兴安盟碳源面积为 1 309.40km²，碳源平均值为 58.45gC/m²；碳汇的面积为 53 775.91km²，碳汇的平均值为 190.12gC/m²。与2021年相比，碳源面积增长 –26.94%，碳源平均值增长 –6.67%；碳汇面积增长 0.91%，碳汇平均值增长 8.09%。2022年内蒙古兴安盟碳源/碳汇空间分布如图11–10所示。

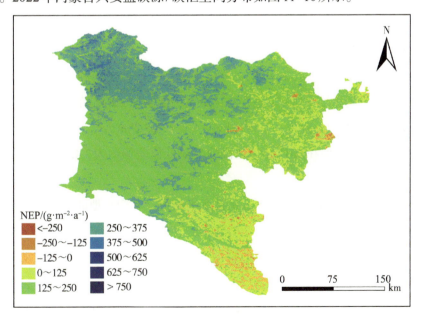

图 11–10 2022 年兴安盟碳源／碳汇空间分布图

第三节　生态足迹现状

一、2018—2022年生态足迹总体分析

兴安盟2018—2022年的人均生态足迹分别为7.95hm²/人、8.81hm²/人、11.09hm²/人、11.00hm²/人、11.33hm²/人，在7.95～11.33hm²/人之间波动。如图11-11所示，数值整体呈上升趋势，波动幅度较小，尤其是2020—2022年基本维持在11hm²/人左右。

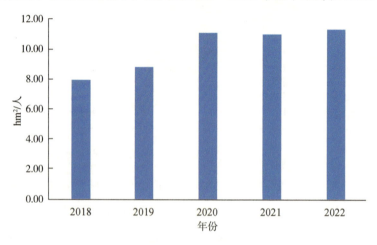

图 11-11　兴安盟人均生态足迹

二、2018—2022年各类用地生态足迹分析

根据计算得到2018—2022年兴安盟六类生态生产性土地的人均生态足迹。由表11-1可知，兴安盟人均生态足迹中占比最高、影响最大的是草地，其数值分别为3.460 7hm²/人、3.781 7hm²/人、5.383 3hm²/人、5.903 2hm²/人、5.499 6hm²/人，最高值在2021年，最低值在2018年，最高值与最低值差额约为2.4hm²/人，总体呈上升趋势。

耕地与化石能源用地的人均生态足迹水平相近，其中耕地的数值更稳定，分别为2.281 3hm²/人、2.352 0hm²/人、2.631 6hm²/人、2.516 2hm²/人、2.599 4hm²/人，总体在2.5hm²/人上下轻微波动。化石能源用地的人均生态足迹较耕地波动更大，分别为2.161 0hm²/人、2.640 5hm²/人、3.027 2hm²/人、2.533 6hm²/人、3.184 1hm²/人，总体先上升后下降再上升，最低值在2.2hm²/人以下，最高值在3.1hm²/人以上。

表 11-1　兴安盟各类用地人均生态足迹

单位：hm²/人

年份	耕地	草地	林地	水域	建筑用地	化石能源用地
2018	2.281 3	3.460 7	0.002 8	0.036 6	0.009 6	2.161 0
2019	2.352 0	3.781 7	0.002 5	0.023 5	0.012 8	2.640 5
2020	2.631 6	5.383 3	0.002 5	0.038 0	0.008 2	3.027 2
2021	2.516 2	5.903 2	0.002 0	0.035 5	0.008 1	2.533 6
2022	2.599 4	5.499 6	0.004 9	0.029 0	0.009 7	3.184 1

水域人均生态足迹值分别为0.036 6hm²/人、0.023 5hm²/人、0.038 0hm²/人、0.035 5hm²/人、0.029 0hm²/人，最低值是2019年的0.023 5hm²/人。

林地和建筑用地的人均生态足迹水平最低，均低于0.015hm²/人，其中建筑用地的人均生态足迹值分别为0.009 6hm²/人、0.012 8hm²/人、0.008 2hm²/人、0.008 1hm²/人、0.009 7hm²/人；林地的人均生态足迹值为全盟最低，分别为0.002 8hm²/人、0.002 5hm²/人、0.002 5hm²/人、0.002 0hm²/人、0.004 9hm²/人，2021年最低，为0.002 0hm²/人。

总体来讲，兴安盟2018—2022年各类用地的人均生态足迹情况基本为草地＞化石能源用地＞耕地＞水域＞建筑用地＞林地。

第四节　生态承载力现状

一、2018—2022年生态承载力总体分析

兴安盟2018—2022年的人均生态承载力分别为4.28hm²/人、4.65hm²/人、5.07hm²/人、5.24hm²/人、5.40hm²/人，总体在4.28～5.40hm²/人之间。如图11-12所示，数值呈逐年上升趋势，但上升幅度较小。

97

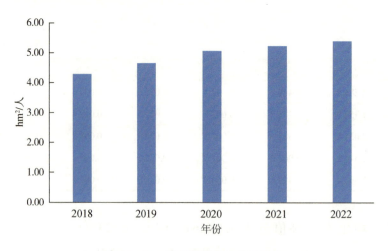

图 11- 12 兴安盟人均生态承载力

二、2018—2022年各类用地生态承载力分析

根据计算得到兴安盟六类生态生产性土地的人均生态承载力。由表11-2可知，兴安盟人均生态承载力中整体水平最高的是草地，其人均生态承载力值2018—2022年分别为3.710 5hm²/人、4.071 2hm²/人、4.382 4hm²/人、4.621 2hm²/人、4.730 5hm²/人，其中最高值在2022年，最低值在2018年，最高值与最低值差额约为1hm²/人，总体呈缓慢上升趋势。

表11-2 兴安盟各类用地人均生态承载力

单位：hm²/人

年份	耕地	草地	林地	水域	建筑用地	化石能源用地
2018	0.247 6	3.710 5	0.312 9	0.001 7	0.012 0	0
2019	0.258 8	4.071 2	0.311 5	0.001 0	0.012 1	0
2020	0.300 4	4.382 4	0.374 5	0.002 9	0.013 7	0
2021	0.298 5	4.621 2	0.302 3	0.003 0	0.013 2	0
2022	0.339 7	4.730 5	0.319 0	0.000 7	0.012 6	0

耕地与林地的人均生态承载力水平次之，前者略低，分别为0.247 6hm²/人、0.258 8hm²/人、0.300 4hm²/人、0.298 5hm²/人、0.339 7hm²/人，最高值与最低值差额约为0.09hm²/人；林地的人均生态承载力值略高，分别为0.312 9hm²/人、0.311 5hm²/人、0.374 5hm²/人、0.302 3hm²/人、0.319 0hm²/人，均在0.3hm²/人左右徘徊。

建筑用地和水域2018—2022年的人均生态承载力较低，均低于0.02hm²/人，其中建筑用地人均生态承载力值水平分别为0.012 0hm²/人、0.012 1hm²/人、0.013 7hm²/人、0.013 2hm²/人、0.012 6hm²/人；除化石能源用地外，水域的生态承载力值为全盟最低，分别为0.001 7hm²/人、0.001 0hm²/人、0.002 9hm²/人、0.003 0hm²/人、0.000 7hm²/人，2022年有最低值0.000 7hm²/人。

总体来讲，兴安盟2018—2022年各类用地的人均生态承载力情况基本为草地＞林地＞耕地＞建筑用地＞水域＞化石能源用地。

第五节　生态余量现状

一、2018—2022年生态余量总体分析

通过对兴安盟人均生态足迹与人均生态承载力进行分析，可以发现总体上人均生态足迹高于人均生态承载力，这导致人均生态余量呈现赤字。

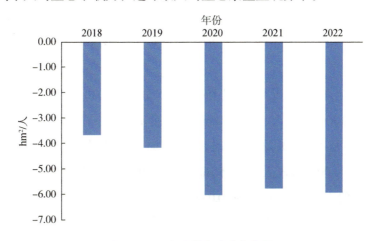

图 11-13　兴安盟人均生态余量

兴安盟2018—2022年的人均生态余量分别为–3.67hm²/人、–4.16hm²/人、–6.02hm²/人、–5.76hm²/人、–5.92hm²/人，总体在–6.02hm²/人至–3.67hm²/人之间波动。如图11-13所示，2020—2022年赤字情况相对较轻，变化趋势与人均生态足迹相近。

二、2018—2022年各类用地生态余量总体分析

根据表11-3所示，2018—2022年兴安盟的六类生态生产性土地中，化石能源用

地的人均生态赤字是最高的，分别为–2.161 0hm²/人、–2.640 5hm²/人、–3.027 2hm²/人、–2.533 6hm²/人、–3.184 1hm²/人，整体呈波动上升状。

表11-3　兴安盟各类用地人均生态余量

单位：hm²/人

年份	耕地	草地	林地	水域	建筑用地	化石能源用地
2018	–2.033 7	0.249 9	0.310 1	–0.034 9	0.002 4	–2.161 0
2019	–2.093 3	0.289 5	0.308 9	–0.022 5	–0.000 7	–2.640 5
2020	–2.331 2	–1.000 8	0.372 0	–0.035 0	0.005 5	–3.027 2
2021	–2.217 6	–1.282 0	0.300 3	–0.032 6	0.005 1	–2.533 6
2022	–2.259 7	–0.769 1	0.314 1	–0.028 3	0.002 9	–3.184 1

　　耕地的赤字状态次之，人均生态余量分别为–2.033 7hm²/人、–2.093 3hm²/人、–2.331 2hm²/人、–2.217 6hm²/人、–2.259 7hm²/人，最高赤字与最低赤字之间差额约为0.3hm²/人，波动较小。草地的人均生态足迹值要高于耕地，但由于其人均生态承载力也高，因此人均生态余量状况比耕地更好，分别为0.249 9hm²/人、0.289 5hm²/人、–1.000 8hm²/人、–1.282 0hm²/人、–0.769 1hm²/人，在2018年和2019年还出现微弱盈余。

　　林地的人均生态余量状况为各类土地中最佳，分别为0.310 1hm²/人、0.308 9hm²/人、0.372 0hm²/人、0.300 3hm²/人、0.314 1hm²/人，全部维持在微弱盈余状态。建筑用地基本也呈现微弱盈余情况，其人均生态余量分别为0.002 4hm²/人、–0.000 7hm²/人、0.005 5hm²/人、0.005 1hm²/人、0.002 9hm²/人，只在2019年有一个赤字。水域的人均生态余量为–0.034 9hm²/人、–0.022 5hm²/人、–0.035 0hm²/人、–0.032 6hm²/人、–0.028 3hm²/人，生态赤字情况相对较轻。

　　总体来讲，兴安盟2018—2022年各类用地的人均生态赤字情况基本为化石能源用地＞耕地＞草地＞水域，人均生态盈余情况为林地＞建筑用地。

第十二章

通辽市

第一节 土地利用时空动态

2018年，通辽市森林覆盖面积为24.50km²，耕地面积为13 800.26km²，建筑用地面积为269.32km²，草地面积为44 619.46km²，水体面积为8.71km²，荒漠面积为53.86km²。2018年通辽市土地利用空间格局如图12-1所示。

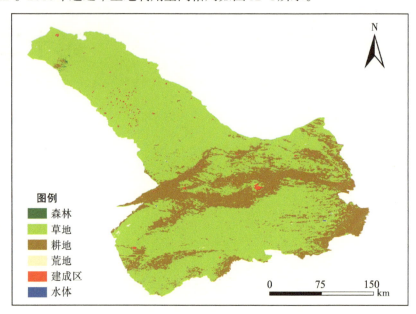

图 12-1 2018 年通辽市土地利用空间格局

2019年，通辽市森林覆盖面积为8.49km²，耕地面积为13 525.05km²，建筑用地面积为270.05km²，草地面积为44 919.91km²，水体面积为7.62 km²，荒漠面积为44.99km²。2019年通辽市土地利用空间格局如图12-2所示。

2020年，通辽市森林覆盖面积为13.08km²，耕地面积为13 511.36km²，建筑用地面积为273.29km²，草地面积为44 928.87km²，水体面积为6.54km²，荒漠面积为42.96km²。2020年通辽市土地利用空间格局如图12-3所示。

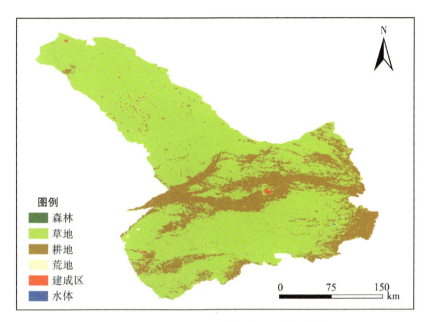

图 12-2 2019 年通辽市土地利用空间格局

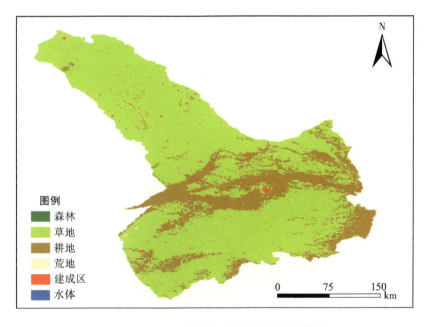

图 12-3 2020 年通辽市土地利用空间格局

2021年，通辽市森林覆盖面积为28.08 km²，耕地面积为14 947.03km²，建筑用地面积为281.44km²，草地面积为43 478.66km²，水体面积为8.35km²，荒漠面积为32.55km²。2021年通辽市土地利用空间格局如图12-4所示。

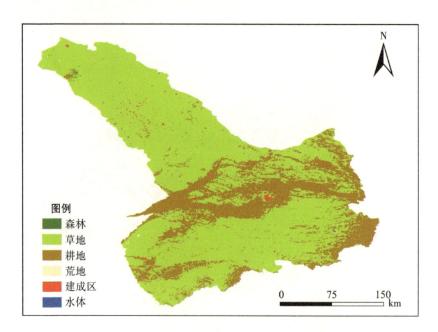

图 12-4 2021 年通辽市土地利用空间格局

2022年，通辽市森林覆盖面积为23.32km²，耕地面积为16 707.96km²，建筑用地面积为285.97km²，草地面积为41 713.79km²，水体面积为11.80km²，荒漠面积为33.28km²。2022年通辽市土地利用空间格局如图12-5所示。

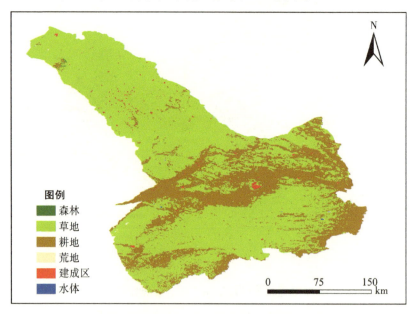

图 12-5 2022 年通辽市土地利用空间格局

第二节　植被NEP空间分布

2018年，内蒙古通辽市碳源面积为9 870.41km²，碳源平均值为42.76gC/m²；碳汇的面积为48 905.70km²，碳汇的平均值为86.99gC/m²。2018年内蒙古通辽市碳源/碳汇空间分布如图12-6所示。

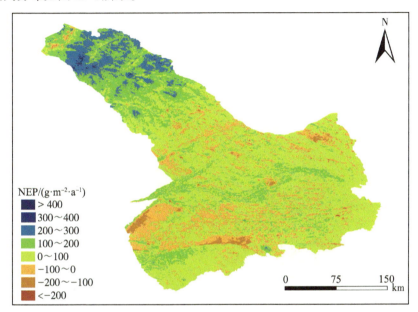

NEP/(g·m⁻²·a⁻¹)

图12-6　2018年通辽市碳源/碳汇空间分布图

2019年，内蒙古通辽市碳源面积为6 727.01km²，碳源平均值为40.28gC/m²；碳汇的面积为52 049.10km²，碳汇的平均值为110.86gC/m²。与2018年相比，碳源面积增长−31.85%，碳源平均值增长−5.81%；碳汇面积增长6.43%，碳汇平均值增长27.44%。2019年内蒙古通辽市碳源/碳汇空间分布如图12-7所示。

2020年，内蒙古通辽市碳源面积为16 649.73km²，碳源平均值为53.88gC/m²；碳汇的面积为42 126.39km²，碳汇的平均值为77.97gC/m²。与2019年相比，碳源面积增长147.51%，碳源平均值增长33.76%；碳汇面积增长−19.06%，碳汇平均值增长−29.67%。2020年内蒙古通辽市碳源/碳汇空间分布如图12-8所示。

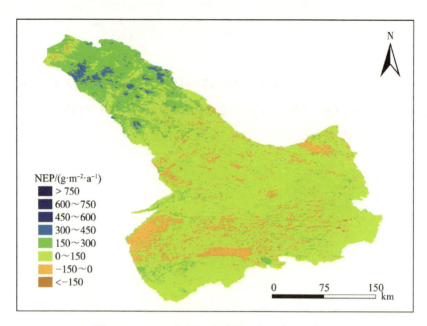

图 12-7　2019 年通辽市碳源 / 碳汇空间分布图

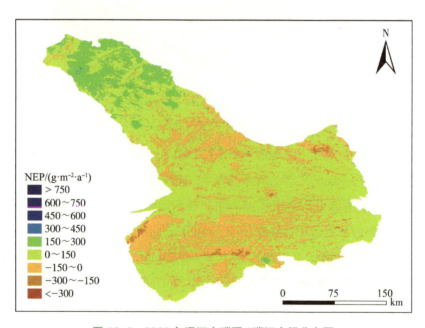

图 12-8　2020 年通辽市碳源 / 碳汇空间分布图

2021 年，内蒙古通辽市碳源面积为 9 668.45km²，碳源平均值为 51.74 gC/m²；碳汇的面积为 49 107.67km²，碳汇的平均值为 97.31 gC/m²。与 2020 年相比，碳源面积增长 –41.93%，碳源平均值增长 –3.97%；碳汇面积增长 16.57%，碳汇平均值增长 24.81%。2021 年内蒙古通辽市碳源/碳汇空间分布如图 12-9 所示。

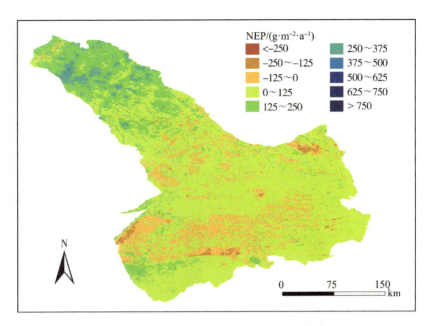

图 12-9 2021 年通辽市碳源／碳汇空间分布图

2022 年，内蒙古通辽市碳源面积为 7 045.30km²，碳源平均值为 51.12gC/m²；碳汇的面积为 51 730.81km²，碳汇的平均值为 113.71gC/m²。与 2021 年相比，碳源面积增长 –27.13%，碳源平均值增长 –1.20%；碳汇面积增长 5.34%，碳汇平均值增长 16.86%。2022 年内蒙古通辽市碳源/碳汇空间分布如图 12-10 所示。

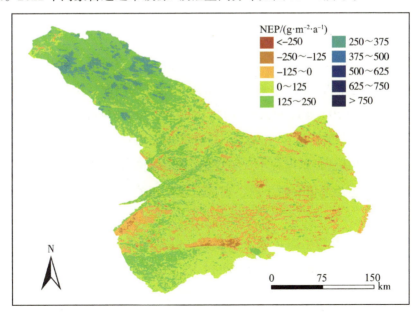

图 12-10 2022 年通辽市碳源／碳汇空间分布图

第三节 生态足迹现状

一、2018—2022年生态足迹总体分析

通辽市2018—2022年的人均生态足迹分别为14.23hm²/人、14.52hm²/人、15.67hm²/人、16.58hm²/人、15.55hm²/人，总体在14.23～16.58hm²/人之间波动。如图12-11所示，各年间变化幅度小，数值较高且稳定，保持在14hm²/人之上。

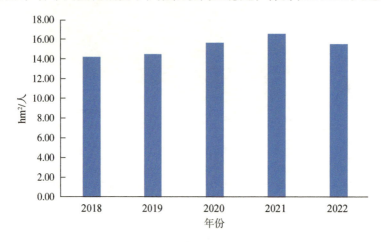

图 12-11 通辽市人均生态足迹

二、2018—2022年各类用地生态足迹分析

根据计算得到通辽市六类生态生产性土地的人均生态足迹。由表12-1可知，通辽市人均生态足迹中占比最高、影响最大的是化石能源用地，其人均生态足迹值在2018—2022年分别为9.648 0hm²/人、10.225 1hm²/人、10.718 9hm²/人、11.135 5hm²/人、9.898 4hm²/人，其中最高值在2021年，最低值在2018年，最高值与最低值差额约为1.49hm²/人，整体波动幅度较小。2022年与化石能源用地相关的能源消费量并未下降，但人均生态足迹值有所下跌，观察发现是相关均衡因子数值在该年份减小导致。

耕地与草地的人均生态足迹水平接近，前者略低，人均生态足迹值分别为2.000 2hm²/人、1.908 0hm²/人、2.119 6hm²/人、2.275 8hm²/人、2.421 0hm²/人，总体在2hm²/人左右轻微波动；草地人均生态足迹值分别为2.529 0hm²/人、2.337 5hm²/人、2.770 8hm²/人、3.107 0hm²/人、3.163 7hm²/人，最低值是2019年的2.337 5hm²/人，2021年和2022年有两个高值，超过了3hm²/人。

表12-1 通辽市各类用地人均生态足迹

单位：hm²/人

年份	耕地	草地	林地	水域	建筑用地	化石能源用地
2018	2.000 2	2.529 0	0.009 0	0.025 2	0.021 4	9.648 0
2019	1.908 0	2.337 5	0.008 7	0.019 9	0.023 7	10.225 1
2020	2.119 6	2.770 8	0.010 2	0.019 3	0.029 4	10.718 9
2021	2.275 8	3.107 0	0.014 6	0.020 3	0.029 1	11.135 5
2022	2.421 0	3.163 7	0.016 4	0.016 4	0.030 5	9.898 4

林地、水域和建筑用地2018—2022年的人均生态足迹水平较低，均低于0.05hm²/人，其中建筑用地人均生态足迹值分别为0.021 4hm²/人、0.023 7hm²/人、0.029 4hm²/人、0.029 1hm²/人、0.030 5hm²/人，总体呈上升趋势但幅度较小；水域人均生态足迹值分别为0.025 2hm²/人、0.019 9hm²/人、0.019 3hm²/人、0.020 3hm²/人、0.016 4hm²/人，波动无明显规律；林地的人均生态足迹值分别为0.009 0hm²/人、0.008 7hm²/人、0.010 2hm²/人、0.014 6hm²/人、0.016 4hm²/人，总体缓慢上升中，2019年最低，低于0.01hm²/人。

总体来讲，通辽市2018—2022年各类用地的人均生态足迹情况基本为化石能源用地＞草地＞耕地＞建筑用地＞水域＞林地。

第四节 生态承载力现状

一、2018—2022年生态承载力总体分析

通辽市2018—2022年的人均生态承载力分别为1.85hm²/人、1.98hm²/人、2.04hm²/人、2.09hm²/人、2.35hm²/人，数值在1.85～2.35hm²/人之间，总体呈上升趋势，但幅度较小（见图12-12）。

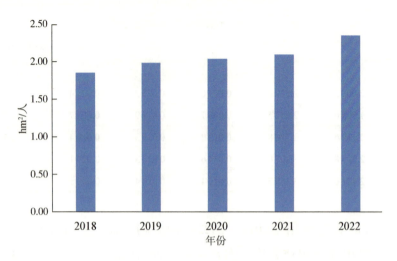

图 12-12　通辽市人均生态承载力

二、2018—2022年各类用地生态承载力分析

根据计算得到通辽市六类生态生产性土地的人均生态承载力。由表12-2可知，通辽市人均生态承载力中整体水平最高的是草地，其人均生态承载力值2018—2022年分别为1.460 3hm²/人、1.589 7hm²/人、1.559 9hm²/人、1.623 4hm²/人、1.773 8hm²/人，其中最高值在2022年，最低值在2018年，最高值与最低值差额约为0.31hm²/人，波动幅度较小。

表 12-2　通辽市各类用地人均生态承载力

单位：hm²/ 人

年份	耕地	草地	林地	水域	建筑用地	化石能源用地
2018	0.379 5	1.460 3	0.002 0	0.000 3	0.007 4	0
2019	0.386 0	1.589 7	0.000 7	0.000 2	0.007 7	0
2020	0.465 5	1.559 9	0.001 0	0.000 1	0.009 4	0
2021	0.460 5	1.623 4	0.002 2	0.000 2	0.008 7	0
2022	0.561 7	1.773 8	0.001 5	0.000 1	0.009 6	0

耕地的人均生态承载力水平次之，分别为0.379 5hm²/人、0.386 0hm²/人、0.465 5hm²/人、0.460 5hm²/人、0.561 7hm²/人，基本在0.5hm²/人左右浮动，最高值与最低值差额约为0.18hm²/人。

林地、水域和建筑用地2018—2022年的人均生态承载力水平较低，均低于0.01hm²/人，其中建筑用地人均生态承载力值略高，分别为0.007 4hm²/人、

0.007 7hm²/人、0.009 4hm²/人、0.008 7hm²/人、0.009 6hm²/人，较接近于0.01hm²/人；林地的人均生态承载力值分别为0.002 0hm²/人、0.000 7hm²/人、0.001 0hm²/人、0.002 2hm²/人、0.001 5hm²/人，2019年有最低值0.000 7hm²/人；除化石能源用地外，水域的人均生态承载力水平最低，分别为0.000 3hm²/人、0.000 2hm²/人、0.000 1hm²/人、0.000 2hm²/人、0.000 1hm²/人，基本在0.000 2hm²/人左右浮动。

总体来讲，通辽市2018—2022年各类用地的人均生态承载力情况基本为草地＞耕地＞建筑用地＞林地＞水域＞化石能源用地。

第五节　生态余量现状

一、2018—2022年生态余量总体分析

通过对通辽市人均生态足迹与人均生态承载力进行分析，可以发现总体上人均生态足迹高于人均生态承载力，这导致人均生态余量呈现赤字。

通辽市2018—2022年的人均生态余量分别为–12.38hm²/人、–12.54hm²/人、–13.63hm²/人、–14.49hm²/人、–13.20hm²/人，总体在–14.49hm²/人至–12.38hm²/人之间波动。如图12-13所示，赤字情况相对严重。

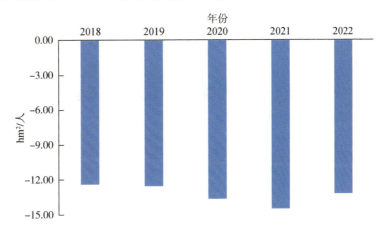

图12-13　通辽市人均生态余量

二、2018—2022年各类用地生态余量总体分析

根据表12-3所示，通辽市2018—2022年六类生态生产性土地中化石能源用地的生态赤字状态最严重，其人均生态余量分别为–9.648 0hm²/人、–10.225 1hm²/人、

–10.718 9hm²/人、–11.135 5hm²/人、–9.898 4hm²/人，最高赤字与最低赤字之间差额约为1.49hm²/人，赤字总体在–10hm²/人左右波动，波动幅度较小。

表12-3　通辽市各类用地人均生态余量

单位：hm²/人

年份	耕地	草地	林地	水域	建筑用地	化石能源用地
2018	–1.620 7	–1.068 7	–0.007 0	–0.025 0	–0.014 0	–9.648 0
2019	–1.522 0	–0.747 8	–0.008 0	–0.019 7	–0.016 0	–10.225 1
2020	–1.654 1	–1.210 9	–0.009 2	–0.019 1	–0.020 0	–10.718 9
2021	–1.815 3	–1.483 6	–0.012 4	–0.020 1	–0.020 4	–11.135 5
2022	–1.859 3	–1.390 0	–0.014 9	–0.016 3	–0.020 8	–9.898 4

　　耕地与草地人均生态余量水平相近，赤字程度均小于2hm²/人，前者人均生态余量分别为–1.620 7hm²/人、–1.522 0hm²/人、–1.654 1hm²/人、–1.815 3hm²/人、–1.859 3hm²/人；草地人均生态余量分别为–1.068 7hm²/人、–0.747 8hm²/人、–1.210 9hm²/人、–1.483 6hm²/人、–1.390 0hm²/人，赤字相对耕地较轻。

　　林地、水域和建筑用地的生态赤字情况相对轻，其中建筑用地人均生态余量为–0.014 0hm²/人、–0.016 0hm²/人、–0.020 0hm²/人、–0.020 4hm²/人、–0.020 8hm²/人；水域的人均生态余量为–0.025 0hm²/人、–0.019 7hm²/人、–0.019 1hm²/人、–0.020 1hm²/人、–0.016 3hm²/人；林地的人均生态余量为–0.007 0hm²/人、–0.008 0hm²/人、–0.009 2hm²/人、–0.012 4hm²/人、–0.014 9hm²/人，其中2018—2019年份赤字情况最轻微。

　　总体来讲，通辽市2018—2022年各类用地的人均生态赤字情况基本为化石能源用地＞耕地＞草地＞水域＞建筑用地＞林地。

第十三章

赤峰市

第一节　土地利用时空动态

2018年，赤峰市森林覆盖面积为1 349.26km²，耕地面积为6 387.77km²，建筑用地面积为508.47km²，草地面积为78 229.31km²，水体面积为200.77km²，荒漠面积为201.32km²。2018年赤峰市土地利用空间格局如图13-1所示。

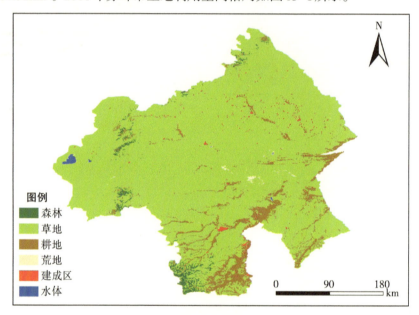

图 13-1　2018 年赤峰市土地利用空间格局

2019年，赤峰市森林覆盖面积为1 231.25km²，耕地面积为6 548.24km²，建筑用地面积为512.53km²，草地面积为78 194.47km²，水体面积为197.86km²，荒漠面积为192.56km²。2019年赤峰市土地利用空间格局如图13-2所示。

2020年，赤峰市森林覆盖面积为1 399.20km²，耕地面积为6 852.84km²，建筑用地面积为514.93km²，草地面积为77 728.44km²，水体面积为196.40km²，荒漠面积为185.09km²。2020年赤峰市土地利用空间格局如图13-3所示。

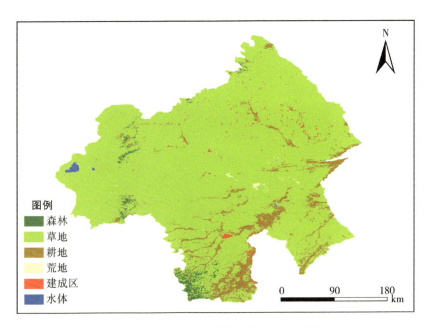

图 13-2　2019 年赤峰市土地利用空间格局

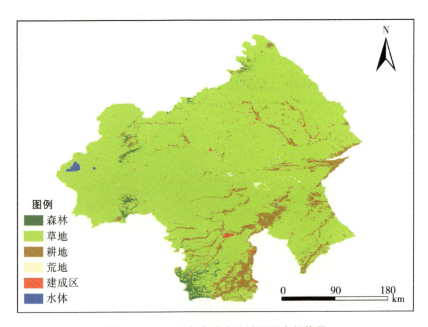

图 13-3　2020 年赤峰市土地利用空间格局

2021年，赤峰市森林覆盖面积为 1 497.81km²，耕地面积为 7 913.78km²，建筑用地面积为 536.73 km²，草地面积为 76 566.64km²，水体面积为 202.02km²，荒漠面积为 159.91km²。2021年赤峰市土地利用空间格局如图 13-4 所示。

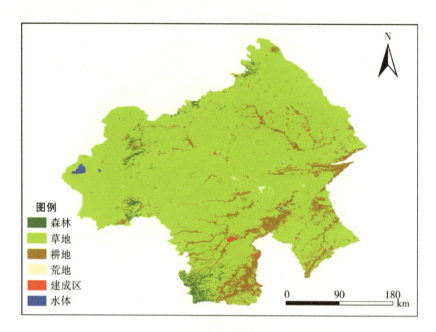

图 13-4　2021 年赤峰市土地利用空间格局

2022年，赤峰市森林覆盖面积为 1 331.64km²，耕地面积为 8 642.12km²，建筑用地面积为540.79km²，草地面积为76 000.06km²，水体面积为200.20km²，荒漠面积为162.10km²。2022年赤峰市土地利用空间格局如图13-5所示。

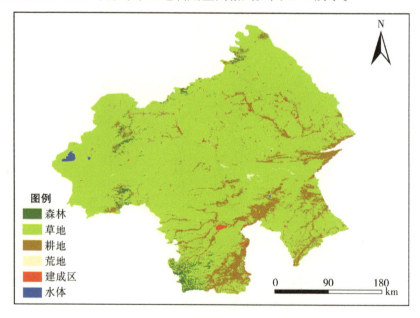

图 13-5　2021 年赤峰市土地利用空间格局

第二节　植被NEP空间分布

2018年，内蒙古赤峰市碳源面积为14 132.81km²，碳源平均值为45.58gC/m²；碳汇的面积为72 744.09km²，碳汇的平均值为124.78gC/m²。2018年内蒙古赤峰市碳源/碳汇空间分布如图13-6所示。

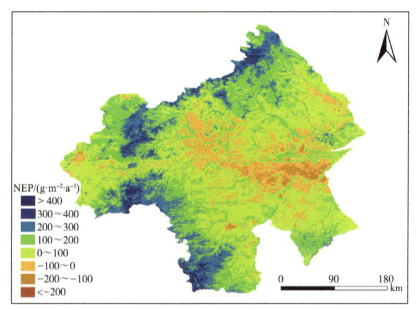

图13-6　2018年赤峰市碳源/碳汇空间分布图

2019年，内蒙古赤峰市碳源面积为8 587.47km²，碳源平均值为44.50gC/m²；碳汇的面积为78 289.44km²，碳汇的平均值为152.61gC/m²。与2018年相比，碳源面积增长-39.24%，碳源平均值增长-2.37%；碳汇面积增长7.62%，碳汇平均值增长22.30%。2019年内蒙古赤峰市碳源/碳汇空间分布如图13-7所示。

2020年，内蒙古赤峰市碳源面积为19 331.17km²，碳源平均值为58.82gC/m²；碳汇的面积为67 545.74km²，碳汇的平均值为129.40gC/m²。与2019年相比，碳源面积增长125.11%，碳源平均值增长32.17%；碳汇面积增长-13.72%，碳汇平均值增长-15.21%。2020年内蒙古赤峰市碳源/碳汇空间分布如图13-8所示。

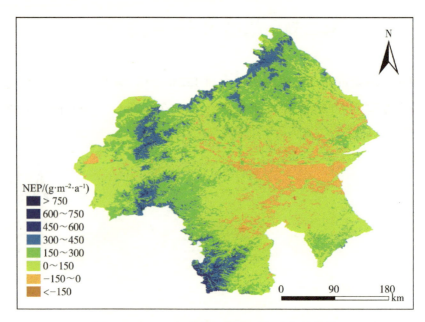

图 13-7　2019 年赤峰市碳源 / 碳汇空间分布图

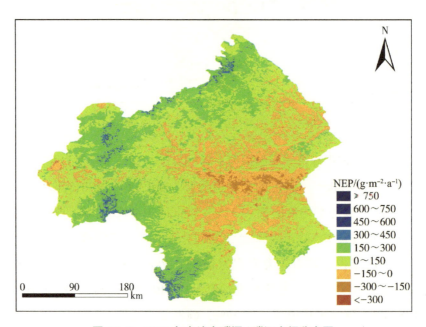

图 13-8　2020 年赤峰市碳源 / 碳汇空间分布图

2021年，内蒙古赤峰市碳源面积为 9 199.44 km²，碳源平均值为 56.91gC/m²；碳汇的面积为 77 677.47 km²，碳汇的平均值为 145.96 gC/m²。与2020年相比，碳源面积增长 -52.41%，碳源平均值增长 -3.26%；碳汇面积增长 15.00%，碳汇平均值增长为 12.80%。2021年内蒙古赤峰市碳源/碳汇空间分布如图 13-9 所示。

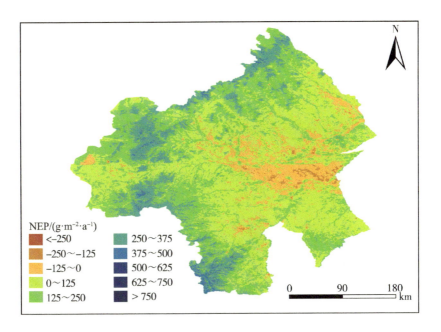

图 13-9 2021 年赤峰市碳源／碳汇空间分布图

2022年，内蒙古赤峰市碳源面积为 7 063.48km²，碳源平均值为 52.13gC/m²；碳汇的面积为 79 813.42km²，碳汇的平均值为 153.40gC/m²。与2021年相比，碳源面积增长 –23.22%，碳源平均值增长 –8.39%；碳汇面积增长 2.75%，碳汇平均值增长 5.10%。2022年内蒙古赤峰市碳源/碳汇空间分布如图13-10所示。

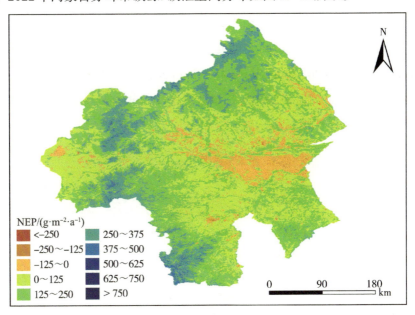

图 13-10 2022 年赤峰市碳源／碳汇空间分布图

第三节　生态足迹现状

一、2018—2022年生态足迹总体分析

赤峰市2018—2022年的人均生态足迹分别为8.66hm²/人、9.16hm²/人、9.62hm²/人、9.52hm²/人、9.70hm²/人，在8.66～9.70hm²/人之间波动。如图13-11所示，总体数值较稳定，基本在9hm²/人上下，波动幅度较小。

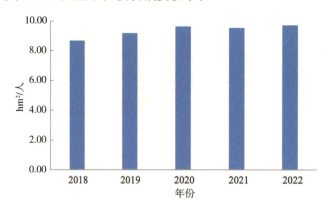

图 13-11　赤峰市人均生态足迹

二、2018—2022年各类用地生态足迹分析

根据计算得到赤峰市六类生态生产性土地的人均生态足迹。由表13-1可知，赤峰市人均生态足迹中占比最高、影响最大的是化石能源用地，其人均生态足迹在五年间分别为4.961 8hm²/人、5.487 4hm²/人、5.555 7hm²/人、5.481 5hm²/人、5.470 2hm²/人，其中最高值在2020年，最低值在2018年，最高值与最低值差额约为0.59hm²/人，整体波动幅度较小，基本在5.5hm²/人上下浮动。

表13-1　赤峰市各类用地人均生态足迹

单位：hm²/人

年份	耕地	草地	林地	水域	建筑用地	化石能源用地
2018	1.615 9	2.035 8	0.018 3	0.018 4	0.009 6	4.961 8
2019	1.430 4	2.204 1	0.023 4	0.010 8	0.007 6	5.487 4
2020	1.688 6	2.328 8	0.023 7	0.010 3	0.011 6	5.555 7
2021	1.614 3	2.375 8	0.025 9	0.009 7	0.011 6	5.481 5
2022	1.750 0	2.434 7	0.027 0	0.009 0	0.012 8	5.470 2

草地的人均生态足迹水平次之，分别为2.035 8hm²/人、2.204 1hm²/人、2.328 8hm²/人、2.375 8hm²/人、2.434 7hm²/人，总体在2hm²/人以上波动，最高不超过2.5hm²/人，数值较为稳定；耕地的人均生态足迹值略低于草地，分别为1.615 9hm²/人、1.430 4hm²/人、1.688 6hm²/人、1.614 3hm²/人、1.750 0hm²/人，在1.4～1.8hm²/人之间，数值相对集中，波动幅度较小。

林地、水域和建筑用地2018—2022年的人均生态足迹水平较低，均低于0.05hm²/人，其中建筑用地的人均生态足迹值最低，分别为0.009 6hm²/人、0.007 6hm²/人、0.011 6hm²/人、0.011 6hm²/人、0.012 8hm²/人；水域的人均生态足迹居中，分别为0.018 4hm²/人、0.010 8hm²/人、0.010 3hm²/人、0.009 7hm²/人、0.009 0hm²/人；林地的人均生态足迹略高，分别为0.018 3hm²/人、0.023 4hm²/人、0.023 7hm²/人、0.025 9hm²/人、0.027 0hm²/人，2018年最低，低于0.02hm²/人。

总体来讲，赤峰市2018—2022年各类用地的人均生态足迹情况基本为化石能源用地＞草地＞耕地＞林地＞水域＞建筑用地。

第四节　生态承载力现状

一、2018—2022年生态承载力总体分析

赤峰市2018—2022年的人均生态承载力分别为1.96hm²/人、2.25hm²/人、2.47hm²/人、2.36hm²/人、2.47hm²/人，在1.96～2.47hm²/人之间波动。如图13-12所示，总体波动幅度较小，数值较为稳定，基本在2hm²/人以上。

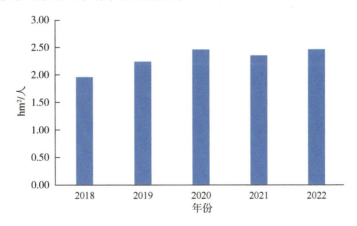

图 13-12　赤峰市人均生态承载力

二、2018—2022年各类用地生态承载力分析

根据计算得到赤峰市六类生态生产性土地的人均生态承载力。由表13-2可知，赤峰市人均生态承载力中整体水平最高的是草地，其数值五年间分别为1.734 4hm²/人、2.030 2hm²/人、2.199 9hm²/人、2.080 7hm²/人、2.179 0hm²/人，其中最高值在2020年，最低值在2018年，最高值与最低值差额约为0.46hm²/人，波动幅度较小，数值稳定在2hm²/人左右。

表 13-2　赤峰市各类用地人均生态承载力

单位：hm²/人

年份	耕地	草地	林地	水域	建筑用地	化石能源用地
2018	0.148 2	1.734 4	0.069 3	0.000 8	0.011 8	0
2019	0.136 0	2.030 2	0.069 4	0.000 4	0.010 6	0
2020	0.174 8	2.199 9	0.077 9	0.000 4	0.013 1	0
2021	0.185 9	2.080 7	0.079 7	0.000 4	0.012 6	0
2022	0.208 5	2.179 0	0.067 8	0.000 1	0.013 0	0

耕地的人均生态承载力水平次之，分别为0.148 2hm²/人、0.136 0hm²/人、0.174 8hm²/人、0.185 9hm²/人、0.208 5hm²/人，数值较小，基本在0.2hm²/人以下，总体呈上升趋势但幅度不大。

林地和建筑用地2018—2022年的人均生态承载力水平较低，均低于0.1hm²/人，其中林地的人均生态承载力值略高，分别为0.069 3hm²/人、0.069 4hm²/人、0.077 9hm²/人、0.079 7hm²/人、0.067 8hm²/人，较接近于0.1hm²/人；建筑用地人均生态承载力值略低，分别为0.011 8hm²/人、0.010 6hm²/人、0.013 1hm²/人、0.012 6hm²/人、0.013 0hm²/人，基本保持在0.01hm²/人附近；除化石能源用地外，水域的人均生态承载力值水平最低，分别为0.000 8hm²/人、0.000 4hm²/人、0.000 4hm²/人、0.000 4hm²/人、0.000 1hm²/人，均小于0.001hm²/人，2022年有最低值0.000 1hm²/人。

总体来讲，赤峰市2018—2022年各类用地的人均生态承载力情况基本为草地＞耕地＞林地＞建筑用地＞水域＞化石能源用地。

第五节　生态余量现状

一、2018—2022年生态余量总体分析

通过对赤峰市人均生态足迹与人均生态承载力进行分析，可以发现总体上人均生态足迹高于人均生态承载力，这导致人均生态余量呈现赤字。

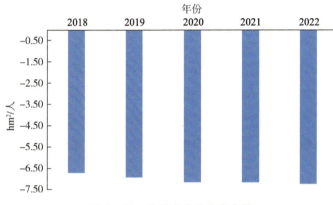

图 13-13　赤峰市人均生态余量

赤峰市2018—2022年的人均生态余量分别为-6.70hm²/人、-6.92hm²/人、-7.15hm²/人、-7.16hm²/人、-7.24hm²/人，总体在-7.24hm²/人至-6.70hm²/人之间波动。如图13-13所示，数值相对集中，赤字情况相对较轻，但以缓慢速度逐年上升。

二、2018—2022年各类用地生态余量总体分析

根据表13-3所示，赤峰市2018—2022年六类生态生产性土地中化石能源用地的生态赤字情况最重，其人均生态余量分别为-4.961 8hm²/人、-5.487 4hm²/人、-5.555 7hm²/人、-5.481 5hm²/人、-5.470 2hm²/人。最高赤字与最低赤字之间差额约为0.59hm²/人，波动幅度不大，基本在-5.5hm²/人上下浮动。

表 13-3　赤峰市各类用地人均生态余量

单位：hm²/人

年份	耕地	草地	林地	水域	建筑用地	化石能源用地
2018	-1.467 7	-0.301 3	0.051 0	-0.017 5	0.002 2	-4.961 8
2019	-1.294 4	-0.173 9	0.046 0	-0.010 4	0.003 1	-5.487 4
2020	-1.513 9	-0.128 9	0.054 2	-0.009 9	0.001 5	-5.555 7
2021	-1.428 4	-0.295 0	0.053 9	-0.009 3	0.001 0	-5.481 5
2022	-1.541 5	-0.255 7	0.040 9	-0.008 9	0.000 2	-5.470 2

耕地的生态赤字状态占第二位，其人均生态余量分别为–1.467 7hm²/人、
–1.294 4hm²/人、–1.513 9hm²/人、–1.428 4hm²/人、–1.541 5hm²/人，在–1.5hm²/人
左右轻微波动，变化幅度小。草地的生态赤字情况较轻，其人均生态余量分别
为–0.301 3hm²/人、–0.173 9hm²/人、–0.128 9hm²/人、–0.295 0hm²/人、–0.255 7hm²/人。
水域的生态赤字状况最轻，人均生态余量为–0.017 5hm²/人、–0.010 4hm²/人、
–0.009 9hm²/人、–0.009 3hm²/人、–0.008 9hm²/人。

林地和建筑用地的生态余量情况相对较好，其中建筑用地人均生态余量为
0.002 2hm²/人、0.003 1hm²/人、0.001 5hm²/人、0.001 0hm²/人、0.000 2hm²/人， 总
体呈现微弱盈余但逐年下降；林地的人均生态余量为0.051 0hm²/人、0.046 0hm²/人、
0.054 2hm²/人、0.053 9hm²/人、0.040 9hm²/人，为生态盈余最多的用地类型。

总体来讲，赤峰市2018—2022年各类用地的人均生态赤字情况基本为化石能
源用地 > 耕地 > 草地 > 水域，生态盈余情况为林地 > 建筑用地。

第十四章

锡林郭勒盟

第一节　土地利用时空动态

2018年，锡林郭勒盟森林覆盖面积为134.49km²，耕地面积为626.70km²，建筑用地面积为177.27km²，草地面积为196 512.94km²，水体面积为73.44km²，荒漠面积为2 410.92km²。2018年锡林郭勒盟土地利用空间格局如图14-1所示。

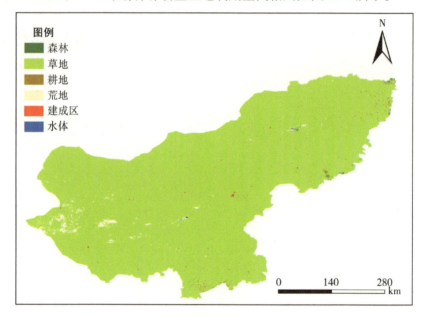

图 14-1　2018 年锡林郭勒盟土地利用空间格局

2019年，锡林郭勒盟森林覆盖面积为119.14km²，耕地面积为609.31km²，建筑用地面积为177.99km²，草地面积为196 866.14km²，水体面积为83.88km²，荒漠面积为2 079.28km²。2019年锡林郭勒盟土地利用空间格局如图14-2所示。

2020年，锡林郭勒盟森林覆盖面积为145.05km²，耕地面积为738.82km²，建筑用地面积为178.17km²，草地面积为196 992.47km²，水体面积为89.39km²，荒漠面积为1 791.85km²。2020年锡林郭勒盟土地利用空间格局如图14-3所示。

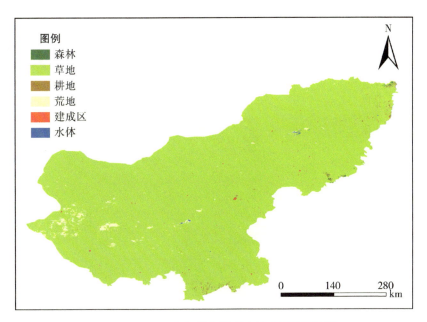

图 14-2　2019 年锡林郭勒盟土地利用空间格局

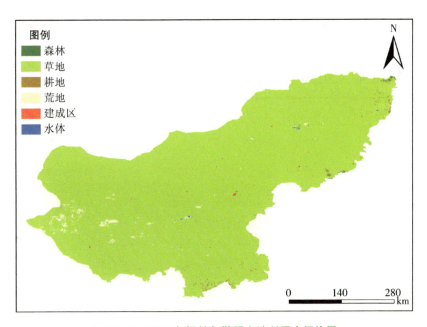

图 14-3　2020 年锡林郭勒盟土地利用空间格局

　　2021年，锡林郭勒盟森林覆盖面积为136.32km²，耕地面积为1 053.31 km²，建筑用地面积为180.35km²，草地面积为197 142.78 km²，水体面积为44.50km²，荒漠面积为1 378.50 km²。2021年锡林郭勒盟土地利用空间格局如图14-4所示。

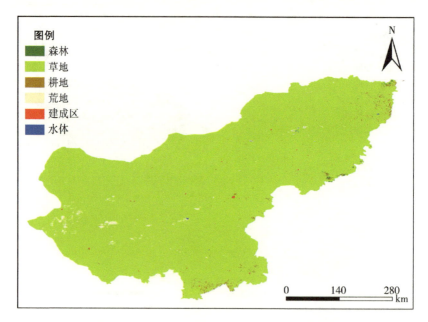

图 14-4　2021 年锡林郭勒盟土地利用空间格局

2022年，锡林郭勒盟森林覆盖面积为118.76km²，耕地面积为1 051.55km²，建筑用地面积为180.72km²，草地面积为196 860.43km²，水体面积为50.24km²，荒漠面积为1 674.06km²。2022年锡林郭勒盟土地利用空间格局如图14-5所示。

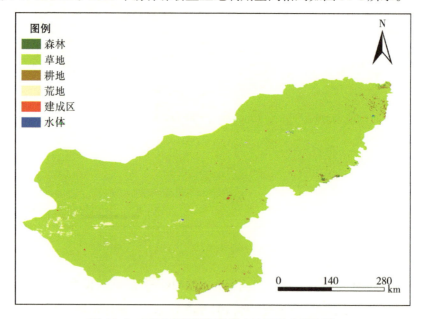

图 14-5　2022 年锡林郭勒盟土地利用空间格局

第二节　植被NEP空间分布

2018年，内蒙古锡林郭勒盟碳源面积为 84 955.34km²，碳源平均值为44.76gC/m²；碳汇的面积为 114 980.41km²，碳汇的平均值为84.80gC/m²。2018年内蒙古锡林郭勒盟碳源/碳汇空间分布如图14-6所示。

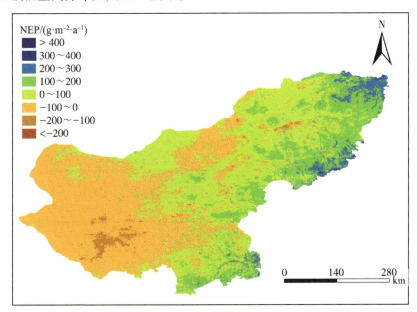

图 14-6　2018 年锡林郭勒盟碳源/碳汇空间分布图

2019年，内蒙古锡林郭勒盟碳源面积为 90 843.07km²，碳源平均值为34.82gC/m²；碳汇的面积为 109 092.68km²，碳汇的平均值为84.80gC/m²。与2018年相比，碳源面积增长6.93%，碳源平均值增长-22.20%；碳汇面积增长-5.12%，碳汇平均增长0.01%。2019年内蒙古锡林郭勒盟碳源/碳汇空间分布如图14-7所示。

2020年，内蒙古锡林郭勒盟碳源面积为 102 075.31km²，碳源平均值为47.50 gC/m²；碳汇的面积为 97 860.44km²，碳汇的平均值为81.73 gC/m²。与2019年相比，碳源面积增长为12.36%，碳源平均值增长36.41%；碳汇面积增长-10.30%，碳汇平均值增长-3.61%。2020年内蒙古锡林郭勒盟碳源/碳汇空间分布如图14-8所示。

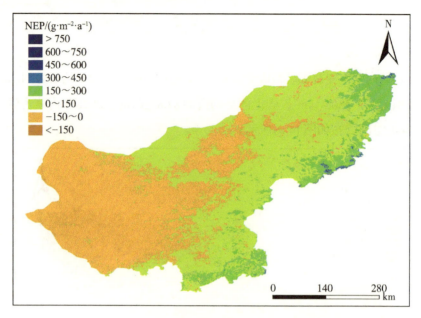

图 14-7　2019 年锡林郭勒盟碳源／碳汇空间分布图

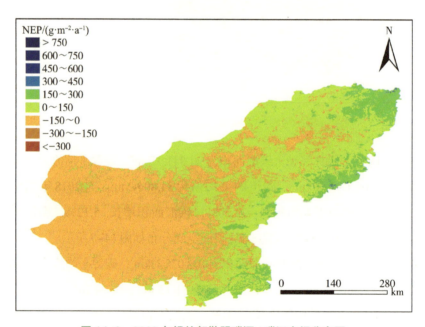

图 14-8　2020 年锡林郭勒盟碳源／碳汇空间分布图

2021 年，内蒙古锡林郭勒盟碳源面积为 75 173.37km²，碳源平均值为 44.64 gC/m²；碳汇的面积为 124 762.38km²，碳汇的平均值为 104.35gC/m²。与 2020 年相比，碳源面积增长 −26.35%，碳源平均值增长 −6.01%；碳汇面积增长 27.49%，碳汇平均值增长 27.67%。2021 年内蒙古锡林郭勒盟碳源/碳汇空间分布如图 14-9 所示。

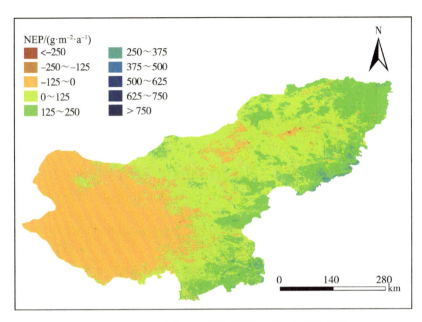

图 14-9　2021 年锡林郭勒盟碳源 / 碳汇空间分布图

2022年，内蒙古锡林郭勒盟碳源面积为 80 107.52km²，碳源平均值为 34.36gC/m²；碳汇的面积为 119 828.23km²，碳汇的平均值为 96.64gC/m²。与2021年相比，碳源面积增长6.56%，碳源平均值增长 -23.04%；碳汇面积增长 -3.95%，碳汇平均值增长 -7.38%。2022年内蒙古锡林郭勒盟碳源/碳汇空间分布如图14-10所示。

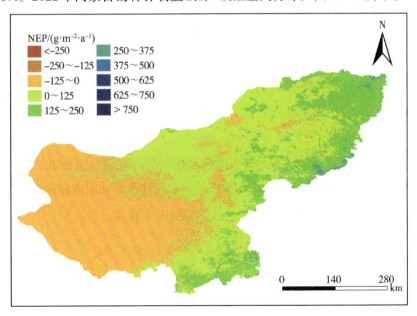

图 14-10　2022 年锡林郭勒盟碳源 / 碳汇空间分布图

第三节　生态足迹现状

一、2018—2022年生态足迹总体分析

锡林郭勒盟2018—2022年的人均生态足迹分别为43.67hm²/人、58.62hm²/人、54.14hm²/人、52.92hm²/人、65.03hm²/人，总体在43.67～65.03hm²/人之间波动。如图14-11所示，最高值在2022年，最低值在2018年，两者差额约为21hm²/人，波动幅度相对其他盟市较大。

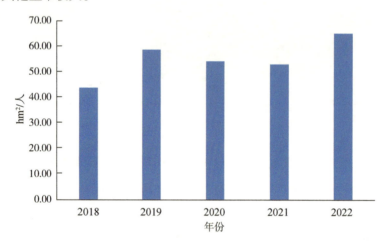

图 14-11　锡林郭勒盟人均生态足迹

二、2018—2022年各类用地生态足迹分析

根据计算得到锡林郭勒盟六类生态生产性土地的人均生态足迹。由表14-1可知，锡林郭勒盟人均生态足迹中占比最高、影响最大的是化石能源用地，其2018—2022年的相应值分别为32.796 1hm²/人、47.852 4hm²/人、44.626 8hm²/人、43.894 1hm²/人、55.951 2hm²/人，其中最高值在2022年，最低值在2018年，最高值与最低值差额约为23hm²/人，从各年间差额上看与其他类别用地相比波动较大，但就该用地而言，数值相对集中，基本在45～55hm²/人波动。

表 14-1　锡林郭勒盟各类用地人均生态足迹

单位：hm²/人

年份	耕地	草地	林地	水域	建筑用地	化石能源用地
2018	0.479 1	10.204 2	0	0.111 0	0.080 6	32.796 1
2019	0.611 9	9.929 6	0	0.120 6	0.103 1	47.852 4

年份	耕地	草地	林地	水域	建筑用地	化石能源用地
2020	0.482 3	8.820 8	0	0.087 8	0.120 6	44.626 8
2021	0.464 4	8.339 3	0	0.069 9	0.147 3	43.894 1
2022	0.527 6	8.302 2	0	0.062 3	0.186 3	55.951 2

草地的人均生态足迹可占第二位，分别为10.204 2hm²/人、9.929 6hm²/人、8.820 8hm²/人、8.339 3hm²/人、8.302 2hm²/人，其中最低值在2022年，最高值在2018年。总体数值逐年小幅度下降，观察相关计算指标发现均衡因子变化较小基本无影响，生物资源产量逐年上升，因此考虑是人口增加导致生态足迹人均值有所下降。

耕地的人均生态足迹值较低，分别为0.479 1hm²/人、0.611 9hm²/人、0.482 3hm²/人、0.464 4hm²/人、0.527 6hm²/人，基本在0.5hm²/人左右浮动。

水域与建筑用地的人均生态足迹水平接近，前者略低，人均生态足迹值分别为0.111 0hm²/人、0.120 6hm²/人、0.087 8hm²/人、0.069 9hm²/人、0.062 3hm²/人，总体在0.06～0.10hm²/人左右轻微波动；建筑用地的人均生态足迹值分别为0.080 6hm²/人、0.103 1hm²/人、0.120 6hm²/人、0.147 3hm²/人、0.186 3hm²/人，基本在0.1hm²/人以上。林地的生态足迹值因相关生物资源指标未有数据而为零值。

总体来讲，锡林郭勒盟2018—2022年各类用地的人均生态足迹情况基本为化石能源用地 > 草地 > 耕地 > 建筑用地 > 水域 > 林地。

第四节　生态承载力现状

一、2018—2022年生态承载力总体分析

锡林郭勒盟2018—2022年的人均生态承载力分别为13.50hm²/人、12.16hm²/人、13.03hm²/人、13.03hm²/人、11.70hm²/人，总体在11.70～13.50hm²/人之间波动。如图14-12所示，该市人均生态承载力在各盟市之间属于较高水平，五年均在10hm²/人以上，2018年最高接近14hm²/人。

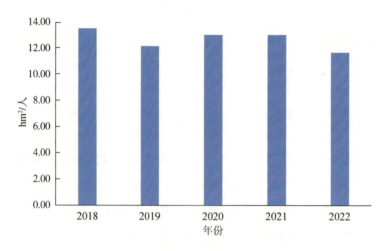

图14-12　锡林郭勒盟人均生态承载力

二、2018—2022年各类用地生态承载力分析

根据计算得到锡林郭勒盟2018—2022年六类生态生产性土地的人均生态承载力。由表14-2可知，锡林郭勒盟草地的人均生态承载力水平最高，基本占锡林郭勒盟人均生态承载力的98%以上，五年间分别为13.333 3hm²/人、11.953 5hm²/人、12.821 5hm²/人、12.806 4hm²/人、11.479 3hm²/人，总体在12hm²/人左右波动，数值稳定，波动幅度小。

表14-2　锡林郭勒盟各类用地人均生态承载力

单位：hm²/人

年份	耕地	草地	林地	水域	建筑用地	化石能源用地
2018	0.090 9	13.333 3	0.038 2	0.013 7	0.025 7	0
2019	0.111 6	11.953 5	0.044 6	0.016 9	0.032 6	0
2020	0.121 3	12.821 5	0.042 9	0.014 6	0.029 3	0
2021	0.153 8	12.806 4	0.036 5	0.004 5	0.026 3	0
2022	0.156 0	11.479 3	0.034 8	0.001 2	0.026 8	0

耕地的人均生态承载力水平次之，分别为0.090 9hm²/人、0.111 6hm²/人、0.121 3hm²/人、0.153 8hm²/人、0.156 0hm²/人，最高值与最低值差额约为0.07hm²/人，波动幅度小，但数值远低于草地。

林地、水域和建筑用地2018—2022年的人均生态承载力水平相近，均低于0.05hm²/人，三者中林地的人均生态承载力值最高，分别为0.038 2hm²/人、

0.044 6hm²/人、0.042 9hm²/人、0.036 5hm²/人、0.034 8hm²/人，基本在0.04hm²/人左右波动；建筑用地次之，分别为0.025 7hm²/人、0.032 6hm²/人、0.029 3hm²/人、0.026 3hm²/人、0.026 8hm²/人，基本在0.03hm²/人以下；除化石能源用地外，水域人均生态承载力值水平最低，分别为0.013 7hm²/人、0.016 9hm²/人、0.014 6hm²/人、0.004 5hm²/人、0.001 2hm²/人，均小于0.02hm²/人。

总体来讲，锡林郭勒盟2018—2022年各类用地的人均生态承载力情况基本为草地＞耕地＞林地＞建筑用地＞水域＞化石能源用地。

第五节 生态余量现状

一、2018—2022年生态余量总体分析

通过对锡林郭勒盟人均生态足迹与人均生态承载力进行分析，可以发现总体上人均生态足迹高于人均生态承载力，这导致人均生态余量呈现赤字。

锡林郭勒盟2018—2022年的人均生态余量分别为–30.17hm²/人、–46.46hm²/人、–41.11hm²/人、–39.89hm²/人、–53.33hm²/人，总体在–53.33hm²/人至–30.17hm²/人之间波动。如图14-13所示，赤字情况非常严重。

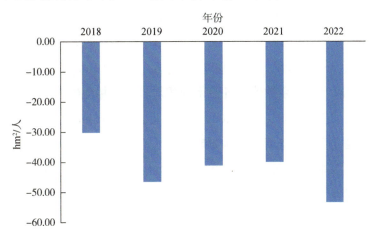

图 14-13 锡林郭勒盟人均生态余量

二、2018—2022年各类用地生态余量分析

根据表14-3所示，2018—2022年六类生态生产性土地中化石能源用地的生

态赤字状态最严重，其人均生态余量分别为 –32.796 1hm²/人、–47.852 4hm²/人、–44.626 8hm²/人、–43.894 1hm²/人、–55.951 2hm²/人，最高赤字与最低赤字之间差额约为23hm²/人。

表14-3　锡林郭勒盟各类用地人均生态余量

单位：hm²/人

年份	耕地	草地	林地	水域	建筑用地	化石能源用地
2018	–0.388 1	3.129 2	0.038 2	–0.097 3	–0.054 9	–32.796 1
2019	–0.500 3	2.023 9	0.044 6	–0.103 8	–0.070 5	–47.852 4
2020	–0.361 0	4.000 7	0.042 9	–0.073 2	–0.091 4	–44.626 8
2021	–0.310 6	4.467 1	0.036 5	–0.065 3	–0.121 0	–43.894 1
2022	–0.371 6	3.177 2	0.034 8	–0.061 2	–0.159 5	–55.951 2

耕地的赤字状态次之，人均生态余量分别为–0.388 1hm²/人、–0.500 3hm²/人、–0.361 0hm²/人、–0.310 6hm²/人、–0.371 6hm²/人，基本在–0.35hm²/人左右波动，赤字情况相对较轻。

水域与建筑用地的生态赤字情况相近，前者人均生态余量分别为–0.097 3hm²/人、–0.103 8hm²/人、–0.073 2hm²/人、–0.065 3hm²/人、–0.061 2hm²/人，较建筑用地更轻；建筑用地人均生态余量分别为–0.054 9hm²/人、–0.070 5hm²/人、–0.091 4hm²/人、–0.121 0hm²/人、–0.159 5hm²/人，整体赤字略高于水域。

草地和林地的生态余量呈盈余状态，其中草地的人均生态余量分别为3.129 2hm²/人、2.023 9hm²/人、4.000 7hm²/人、4.467 1hm²/人、3.177 2hm²/人，基本在3hm²/人以上，盈余数值在各盟市间相对较高。林地的人均生态余量分别为0.038 2hm²/人、0.044 6hm²/人、0.042 9hm²/人、0.036 5hm²/人、0.034 8hm²/人，其盈余状态考虑是受到生态足迹值为零影响。

总体来讲，锡林郭勒盟2018—2022年各类用地的人均生态赤字情况基本为化石能源用地＞耕地＞建筑用地＞水域，生态盈余情况为草地＞林地。

第十五章

乌兰察布市

第一节　土地利用时空动态

2018年，乌兰察布市森林覆盖面积为1.52km²，耕地面积为631.54km²，建筑用地面积为190.21km²，草地面积为51 450.01km²，水体面积为52.13km²，荒漠面积为2 074.47km²。2018年乌兰察布市土地利用空间格局如图15-1所示。

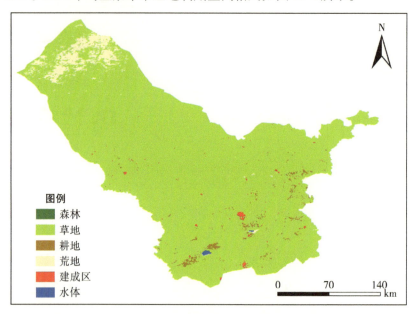

图例
- 森林
- 草地
- 耕地
- 荒地
- 建成区
- 水体

图 15-1　2018 年乌兰察布市土地利用空间格局

2019年，乌兰察布市森林覆盖面积为1.89km²，耕地面积为781.89 km²，建筑用地面积为191.91km²，草地面积为52 254.96km²，水体面积为53.45km²，荒漠面积为1 115.76km²。2019年乌兰察布市土地利用空间格局如图15-2所示。

2020年，乌兰察布市森林覆盖面积为4.31km²，耕地面积为914.97km²，建筑用地面积为194.18km²，草地面积为52 457.05km²，水体面积为55.34km²，荒漠面积为774.03km²。2020年乌兰察布市土地利用空间格局如图15-3所示。

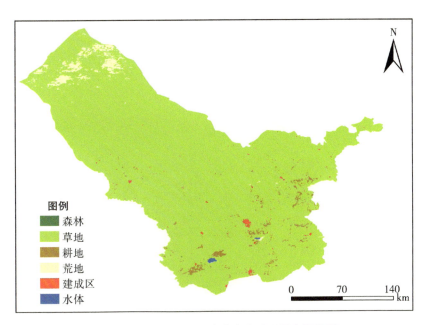

图 15-2　2019 年乌兰察布市土地利用空间格局

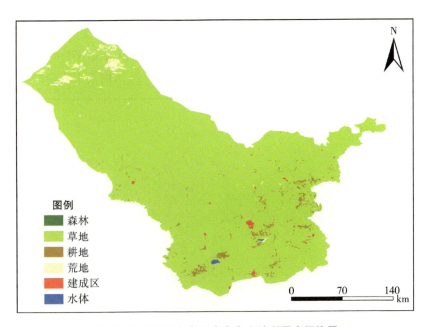

图 15-3　2020 年乌兰察布市土地利用空间格局

　　2021 年，乌兰察布市森林覆盖面积为 3.22km²，耕地面积为 1 009.18km²，建筑用地面积为 204.47km²，草地面积为 52 606.18km²，水体面积为 58.74km²，荒漠面积为 518.10km²。2021 年乌兰察布市土地利用空间格局如图 15-4 所示。

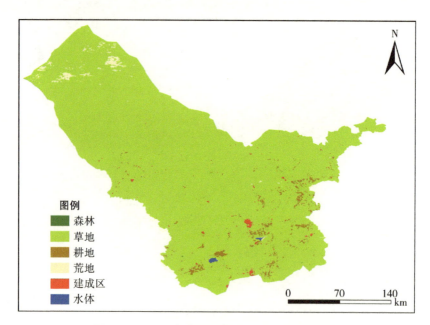

图 15-4　2021 年乌兰察布市土地利用空间格局

2022年，乌兰察布市森林覆盖面积为2.27km²，耕地面积为760.75km²，建筑用地面积为205.04km²，草地面积为52 723.66km²，水体面积为52.87km²，荒漠面积为655.28km²。2022年乌兰察布市土地利用空间格局如图15-5所示。

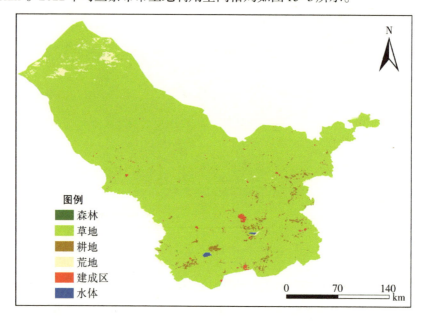

图 15-5　2022 年乌兰察布市土地利用空间格局

第二节　植被NEP空间分布

2018年，内蒙古乌兰察布市碳源面积为23 004.31 km²，碳源平均值为44.37gC/m²；碳汇的面积为31 395.56km²，碳汇的平均值为83.71gC/m²。2018年内蒙古乌兰察布市碳源/碳汇空间分布如图15-6所示。

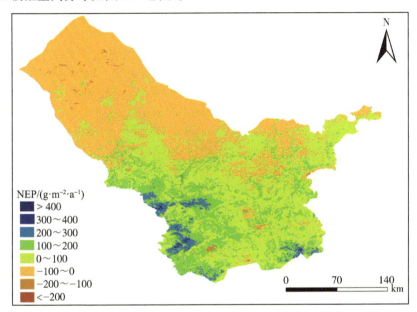

图 15-6　2018 年乌兰察布市碳源 / 碳汇空间分布图

2019年，内蒙古乌兰察布市碳源面积为17 195.18km²，碳源平均值为34.36gC/m²；碳汇的面积为37 204.69km²，碳汇的平均值为113.50gC/m²。与2018年相比，碳源面积增长为–25.25%，碳源平均值增长–22.56%；碳汇面积增长18.50%，碳汇平均值增长35.58%。2019年内蒙古乌兰察布市碳源/碳汇空间分布如图15-7所示。

2020年，内蒙古乌兰察布市碳源面积为23 526.34km²，碳源平均值为56.05gC/m²；碳汇的面积为30 873.53km²，碳汇的平均值为99.43gC/m²。与2019年相比，碳源面积增长36.82%，碳源平均值增长63.13%；碳汇面积增长–17.02%，碳汇平均值增长–12.40%。2020年内蒙古乌兰察布市碳源/碳汇空间分布如图15-8所示。

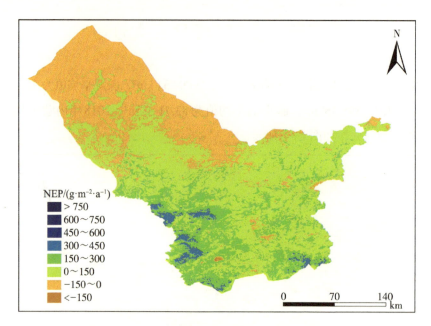

图 15-7　2019 年乌兰察布市碳源／碳汇空间分布图

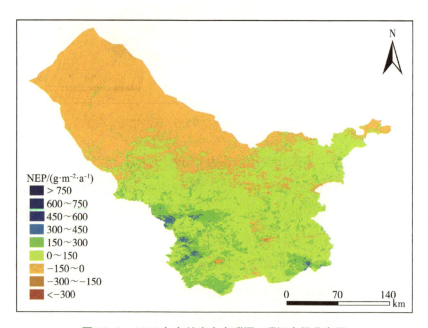

图 15-8　2020 年乌兰察布市碳源／碳汇空间分布图

　　2021 年，内蒙古乌兰察布市碳源面积为 20 671.41km²，碳源平均值为 48.61gC/m²；碳汇的面积为 33 728.46 km²，碳汇的平均值为 102.12 gC/m²。与 2020 年相比，碳源面积增长 -12.14%，碳源平均值增长 -13.28%；碳汇面积增长 9.25%，碳汇平均值增长 2.71%。2021 年内蒙古乌兰察布市碳源/碳汇空间分布如图 15-9 所示。

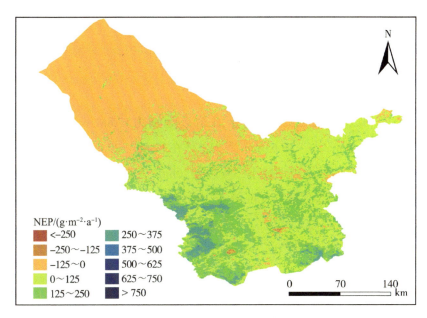

图 15-9　2021 年乌兰察布市碳源 / 碳汇空间分布图

2022年，内蒙古乌兰察布市碳源面积为 26 267.45 km²，碳源平均值为 44.00 gC/m²；碳汇的面积为 28 132.42km²，碳汇的平均值为 85.74 gC/m²。与 2021 年相比，碳源面积增长 27.07%，碳汇平均值增长 –9.48%；碳汇面积增长 –16.59%，碳汇平均值增长 –16.04%。2022 年内蒙古乌兰察布市碳源/碳汇空间分布如图 15-10 所示。

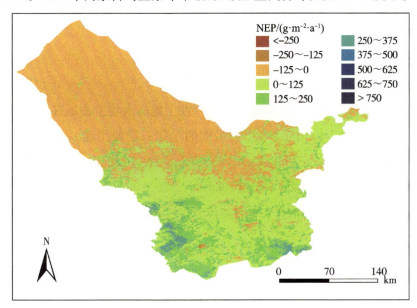

图 15-10　2022 年乌兰察布市碳源 / 碳汇空间分布图

第三节　生态足迹现状

一、2018—2022年生态足迹总体分析

乌兰察布市2018—2022年人均生态足迹分别为17.88hm²/人、19.89hm²/人、22.95hm²/人、22.00hm²/人、29.63hm²/人，总体在17.88～29.63hm²/人之间波动。如图15-11所示，前四年数值波动较小，集中在20hm²/人上下，2022年人均生态足迹变动幅度略大，直接增高到接近30hm²/人，观察发现主要是受到化石能源用地人均生态足迹变化的影响。

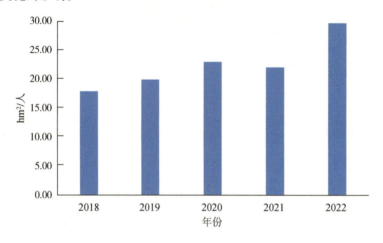

图 15-11　乌兰察布市人均生态足迹

二、2018—2022年各类用地生态足迹分析

根据计算得到乌兰察布市六类生态生产性土地的人均生态足迹。由表15-1可知，乌兰察布市人均生态足迹中影响最大的是化石能源用地，其2018—2022年相应值分别为14.394 2hm²/人、16.261 0hm²/人、18.676 8hm²/人、17.823 8hm²/人、25.197 6hm²/人。前四年数值均未超过20hm²/人，2022年却直接增高到25hm²/人，分析相关指标发现与该年人口减少、化石能源消费量增加、均衡因子数值高均有关系。

表 15-1　乌兰察布市各类用地人均生态足迹

单位：hm²/人

年份	耕地	草地	林地	水域	建筑用地	化石能源用地
2018	0.908 6	2.512 0	0.002 3	0.028 2	0.039 6	14.394 2
2019	1.001 2	2.555 9	0.002 2	0.024 8	0.043 8	16.261 0

年份	耕地	草地	林地	水域	建筑用地	化石能源用地
2020	1.360 0	2.837 0	0.002 7	0.018 1	0.057 1	18.676 8
2021	1.288 7	2.817 2	0.001 9	0.018 7	0.053 4	17.823 8
2022	1.522 4	2.812 0	0.002 9	0.027 1	0.069 9	25.197 6

草地的人均生态足迹水平次之，分别为2.512 0hm²/人、2.555 9hm²/人、2.837 0hm²/人、2.817 2hm²/人、2.812 0hm²/人，总体数值相对集中，前两年均在2.5hm²/人附近，后三年在2.8hm²/人左右，波动较小。耕地的人均生态足迹略低于草地，分别为0.908 6hm²/人、1.001 2hm²/人、1.360 0hm²/人、1.288 7hm²/人、1.522 4hm²/人，基本在1~1.5hm²/人左右波动。

林地、水域和建筑用地2018—2022年的人均生态足迹水平较低，均低于0.1hm²/人。三者中建筑用地的人均生态足迹略高，分别为0.039 6hm²/人、0.043 8hm²/人、0.057 1hm²/人、0.053 4hm²/人、0.069 9hm²/人，基本呈上升趋势；水域的人均生态足迹居中，分别为0.028 2hm²/人、0.024 8hm²/人、0.018 1hm²/人、0.018 7hm²/人、0.027 1hm²/人；林地的人均生态足迹最低，分别为0.002 3hm²/人、0.002 2hm²/人、0.002 7hm²/人、0.001 9hm²/人、0.002 9hm²/人，在0.002hm²/人上下波动。

总体来讲，乌兰察布市2018—2022年各类用地的人均生态足迹情况基本为化石能源用地＞草地＞耕地＞建筑用地＞水域＞林地。

第四节　生态承载力现状

一、2018—2022年生态承载力总体分析

乌兰察布市2018—2022年的人均生态承载力分别为1.97hm²/人、2.25hm²/人、2.58hm²/人、2.40hm²/人、2.08hm²/人，总体在1.97~2.58hm²/人之间波动。如图15-12所示，数值于2018年开始上升，至2020年达到五年中最大值，后开始小幅下降。

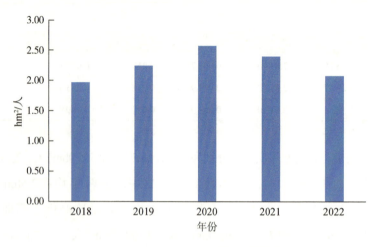

图 15-12 乌兰察布市人均生态承载力

二、2018—2022年各类用地生态承载力分析

根据计算得到乌兰察布市2018—2022年六类生态生产性土地的人均生态承载力。由表15-2可知，草地的人均生态承载力水平最高，分别为1.925 7hm²/人、2.184 1hm²/人、2.487 2hm²/人、2.313 6hm²/人、2.008 7hm²/人，基本在2～2.5hm²/人之间波动，数值相对集中，波动幅度较小。

表 15-2 乌兰察布市各类用地人均生态承载力

单位：hm²/人

年份	耕地	草地	林地	水域	建筑用地	化石能源用地
2018	0.033 3	1.925 7	0.000 2	0.002 1	0.010 0	0
2019	0.050 9	2.184 1	0.000 3	0.002 4	0.012 5	0
2020	0.074 4	2.487 2	0.000 7	0.001 7	0.015 8	0
2021	0.073 6	2.313 6	0.000 6	0.001 6	0.014 9	0
2022	0.056 4	2.008 7	0.000 5	0.000 9	0.015 2	0

耕地的人均生态承载力水平次之，分别为0.033 3hm²/人、0.050 9hm²/人、0.074 4hm²/人、0.073 6hm²/人、0.056 4hm²/人，数值较低，均小于0.1hm²/人。

林地、水域和建筑用地2018—2022年的人均生态承载力水平较低，均低于0.02hm²/人。其中建筑用地的人均生态承载力值略高，分别为0.010 0hm²/人、0.012 5hm²/人、0.015 8hm²/人、0.014 9hm²/人、0.015 2hm²/人，均在0.01hm²/人之上；水域生态承载力居中，分别为0.002 1hm²/人、0.002 4hm²/人、0.001 7hm²/人、0.001 6hm²/人、

0.000 9hm²/人，2022年有最低值0.000 9hm²/人；除化石能源用地外，林地的人均生态承载力水平最低，分别为0.000 2hm²/人、0.000 3hm²/人、0.000 7hm²/人、0.000 6hm²/人、0.000 5hm²/人，均小于0.001hm²/人。

总体来讲，乌兰察布市2018—2022年各类用地的人均生态承载力情况基本为草地＞耕地＞建筑用地＞水域＞林地＞化石能源用地。

第五节　生态余量现状

一、2018—2022年生态余量总体分析

通过对乌兰察布市人均生态足迹与人均生态承载力进行分析，可以发现总体上人均生态足迹高于人均生态承载力，这导致人均生态余量呈现赤字。

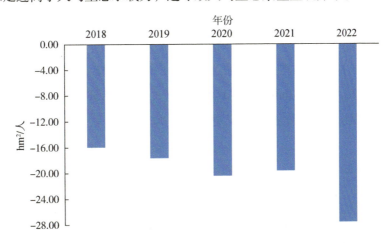

图 15-13　乌兰察布市人均生态余量

乌兰察布市2018—2022年的人均生态余量分别为-15.91hm²/人、-17.64hm²/人、-20.37hm²/人、-19.60hm²/人、-27.55hm²/人，总体在-27.55hm²/人至-15.91hm²/人之间波动。如图15-13所示，赤字情况比较严重。

二、2018—2022年各类用地生态余量总体分析

根据表15-3所示，2018—2022年六类生态生产性土地中化石能源用地的生态赤字情况最严重，基本占到总体生态赤字的90%左右，其人均生态余量分别为-14.394 2hm²/人、-16.261 0hm²/人、-18.676 8hm²/人、-17.823 8hm²/人、

–25.197 6hm²/人，数值呈现波动上升状态。

表15-3　乌兰察布市各类用地人均生态余量

单位：hm²/人

年份	耕地	草地	林地	水域	建筑用地	化石能源用地
2018	–0.875 3	–0.586 4	–0.002 0	–0.026 1	–0.029 5	–14.394 2
2019	–0.950 3	–0.371 8	–0.001 9	–0.022 4	–0.031 3	–16.261 0
2020	–1.285 6	–0.349 8	–0.001 9	–0.016 5	–0.041 4	–18.676 8
2021	–1.215 1	–0.503 6	–0.001 4	–0.017 1	–0.038 5	–17.823 8
2022	–1.466 0	–0.803 2	–0.002 4	–0.026 3	–0.054 7	–25.197 6

耕地的生态赤字情况次之但远低于化石能源用地，五年间人均生态余量分别为–0.875 3hm²/人、–0.950 3hm²/人、–1.285 6hm²/人、–1.215 1hm²/人、–1.466 0hm²/人，赤字较小但以微弱幅度逐年上升。草地的赤字情况较耕地更轻，其人均生态余量分别为–0.586 4hm²/人、–0.371 8hm²/人、–0.349 8hm²/人、–0.503 6hm²/人、–0.803 2hm²/人，自2019年开始呈现上升趋势。

林地、水域和建筑用地的生态赤字情况相对轻，其中建筑用地人均生态余量为–0.029 5hm²/人、–0.031 3hm²/人、–0.041 4hm²/人、–0.038 5hm²/人、–0.054 7hm²/人，在三者中赤字最高；水域赤字情况更轻，人均生态余量分别为–0.026 1hm²/人、–0.022 4hm²/人、–0.016 5hm²/人、–0.017 1hm²/人、–0.026 3hm²/人；林地的赤字最轻微，其人均生态余量分别为–0.002 0hm²/人、–0.001 9hm²/人、–0.001 9hm²/人、–0.001 4hm²/人、–0.002 4hm²/人。

总体来讲，乌兰察布市2018—2022年各类用地的人均生态赤字情况基本为化石能源用地＞耕地＞草地＞建筑用地＞水域＞林地。

第十六章

鄂尔多斯市

第一节 土地利用时空动态

2018年，鄂尔多斯市耕地面积为963.76km²，建筑用地面积为105.47km²，草地面积为76 235.18km²，水体面积为11.79km²，荒漠面积为9 413.14km²。2018年鄂尔多斯市土地利用空间格局如图16-1所示。

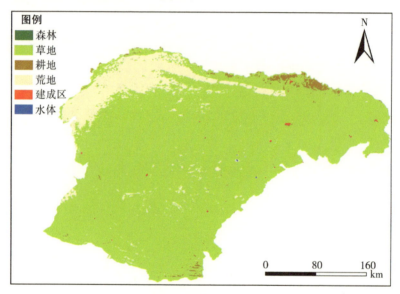

图例
- 森林
- 草地
- 耕地
- 荒地
- 建成区
- 水体

图16-1 2018年鄂尔多斯市土地利用空间格局

2019年，鄂尔多斯市耕地面积为986.26km²，建筑用地面积为108.53km²，草地面积为76 400.28km²，水体面积为10.63km²，荒漠面积为9 223.64km²。2019年鄂尔多斯市土地利用空间格局如图16-2所示。

2020年，鄂尔多斯市耕地面积为1 106.37km²，建筑用地面积为109.68 km²，草地面积为76 629.45km²，水体面积为8.91km²，荒漠面积为8 874.94km²。2020年鄂尔多斯市土地利用空间格局如图16-3所示。

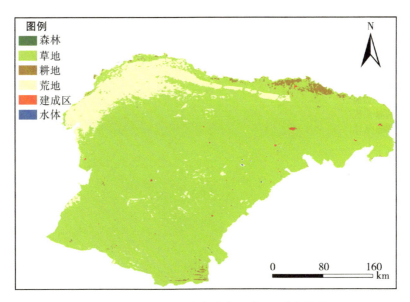

图 16-2 2019 年鄂尔多斯市土地利用空间格局

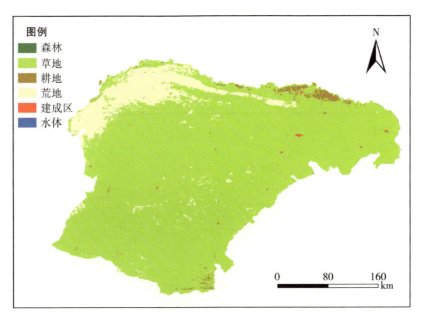

图 16-3 2020 年鄂尔多斯市土地利用空间格局

2021 年，鄂尔多斯市耕地面积为 1 093.74km²，建筑用地面积为 107.76km²，草地面积为 76 490.65km²，水体面积为 4.83 km²，荒漠面积为 9 032.37km²。2021 年鄂尔多斯市土地利用空间格局如图 16-4 所示。

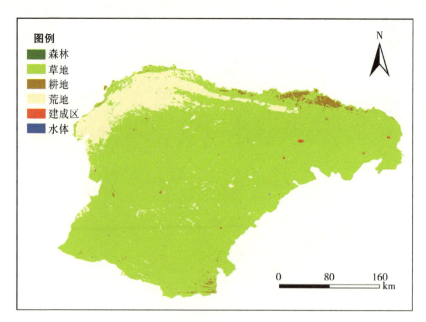

图 16-4　2021 年鄂尔多斯市土地利用空间格局

　　2022年，鄂尔多斯市耕地面积为 1 166.38km²，建筑用地面积为109.29 km²，草地面积为76 413.31km²，水体面积为4.45km²，荒漠面积为9 035.92 km²。2022年鄂尔多斯市土地利用空间格局如图16-5所示。

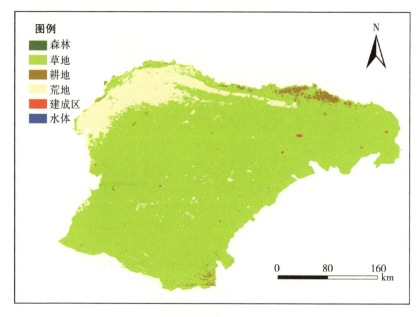

图 16-5　2022 年鄂尔多斯市土地利用空间格局

第二节 植被NEP空间分布

2018年，内蒙古鄂尔多斯市碳源面积为68 394.07km²，碳源平均值为59.78 gC/m²；碳汇的面积为18 335.27 km²，碳汇的平均值为41.52 gC/m²。2018年内蒙古鄂尔多斯市碳源/碳汇空间分布如图16-6所示。

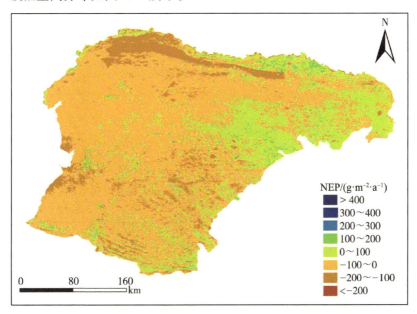

图 16-6 2018 年鄂尔多斯市碳源 / 碳汇空间分布图

2019年，内蒙古鄂尔多斯市碳源面积为60 925.31 km²，碳源平均值为45.78gC/m²；碳汇的面积为25 804.04km²，碳汇的平均值为53.66gC/m²。与2018年相比，碳源面积增长–10.92%，碳源平均值增长–23.42%；碳汇面积增长40.73%，碳汇平均值增长29.24%。2019年内蒙古鄂尔多斯市碳源/碳汇空间分布如图16-7所示。

2020年，内蒙古鄂尔多斯市碳源面积为64 800.46km²，碳源平均值为50.97gC/m²；碳汇的面积为21 928.88km²，碳汇的平均值为52.43gC/m²。与2019年相比，碳源面积增长6.36%，碳源平均值增长11.35%；碳汇面积增长–15.02%，碳汇平均值增长–2.29%。2020年内蒙古鄂尔多斯市碳源/碳汇空间分布如图16-8所示。

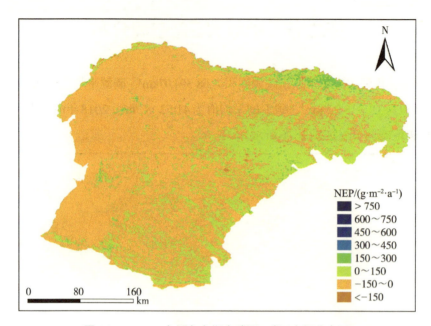

图 16-7　2019 年鄂尔多斯市碳源/碳汇空间分布图

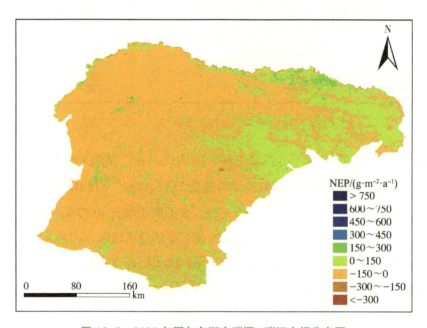

图 16-8　2020 年鄂尔多斯市碳源/碳汇空间分布图

　　2021 年，内蒙古鄂尔多斯市碳源面积为 75 499.05km²，碳源平均值为 68.12gC/m²；碳汇的面积为 11 230.30km²，碳汇的平均值为 46.22 gC/m²。与 2020 年相比，碳源面积增长 16.51%，碳源平均值增长 33.65%；碳汇面积增长 -48.79%，碳汇平均值增长为 -11.85%。2021 年内蒙古鄂尔多斯市碳源/碳汇空间分布如图 16-9 所示。

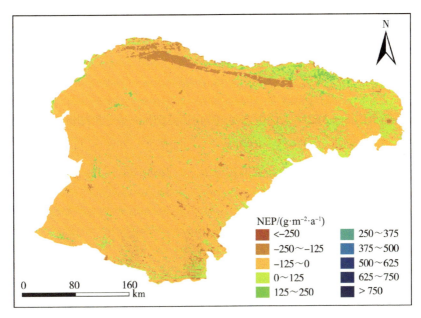

图 16-9　2021 年鄂尔多斯市碳源／碳汇空间分布图

2022 年，内蒙古鄂尔多斯市碳源面积为 64 237.10km²，碳源平均值为 57.96 gC/m²；碳汇的面积为 22 492.25km²，碳汇的平均值为 47.80gC/m²。与 2021 年相比，碳源面积增长 -14.92%，碳源平均值增长 -14.92%；碳汇面积增长 100.28%，碳汇平均值增长 3.42%。2022 年内蒙古鄂尔多斯市碳源／碳汇空间分布如图 16-10 所示。

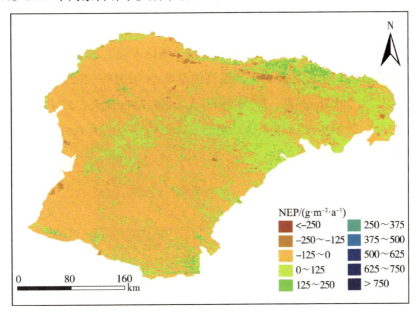

图 16-10　2022 年鄂尔多斯市碳源／碳汇空间分布图

第三节　生态足迹现状

一、2018—2022年生态足迹总体分析

鄂尔多斯市2018—2022年人均生态足迹分别为3.55hm²/人、3.72hm²/人、4.09hm²/人、4.06hm²/人、4.02hm²/人，在3.55～4.09hm²/人之间波动。如图16-11所示，人均生态足迹总体偏低，各年份间差额较小，数值相对集中，波动幅度小。

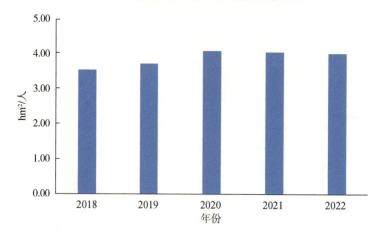

图16-11　鄂尔多斯市人均生态足迹

二、2018—2022年各类用地生态足迹分析

通过计算得到鄂尔多斯市六类生态生产性土地的人均生态足迹。根据表16-1所示，鄂尔多斯市人均生态足迹中占比最高的是草地，2018—2022年对应值分别为2.127 1hm²/人、2.201 7hm²/人、2.598 0hm²/人、2.577 9hm²/人、2.740 7hm²/人，最高值在2022年，最低值在2018年，最高值与最低值差额约为0.61hm²/人，整体波动幅度较小，处于逐年上升趋势。

表16-1　鄂尔多斯市各类用地人均生态足迹

单位：hm²/人

年份	耕地	草地	林地	水域	建筑用地	化石能源用地
2018	1.242 4	2.127 1	0	0.071 0	0.105 3	0
2019	1.291 2	2.201 7	0	0.081 8	0.149 6	0
2020	1.243 3	2.598 0	0	0.109 8	0.139 3	0
2021	1.265 7	2.577 9	0	0.051 3	0.166 9	0
2022	1.073 2	2.740 7	0	0.062 6	0.146 5	0

耕地2018—2022年的人均生态足迹较草地更低，均在1.30hm²/人以下，分别为1.242 4hm²/人、1.291 2hm²/人、1.243 3hm²/人、1.265 7hm²/人、1.073 2hm²/人，数值相对集中，除2022年低于1.1hm²/人外，其余年份基本在1.25hm²/人上下轻微浮动。

水域与建筑用地的人均生态足迹水平接近，前者略低，人均生态足迹值分别为0.071 0hm²/人、0.081 8hm²/人、0.109 8hm²/人、0.051 3hm²/人、0.062 6hm²/人，基本在0.1hm²/人以下，0.08hm²/人左右微弱波动；建筑用地的人均生态足迹略高，分别为0.105 3hm²/人、0.149 6hm²/人、0.139 3hm²/人、0.166 9hm²/人、0.146 5hm²/人，均高于0.1hm²/人，基本在0.15上下浮动，由于数值较小，变化幅度不明显。林地与化石能源用地的生态足迹主要是受到林地面积影响，由于遥感测算时并未识别到林地面积，使其相应均衡因子和产量因子也为零，进一步影响到林地与化石能源用地的生态足迹值。

总体来讲，鄂尔多斯市2018—2022年各类用地的人均生态足迹情况基本为草地＞耕地＞建筑用地＞水域＞林地、化石能源用地。

第四节　生态承载力现状

一、2018—2022年生态承载力总体分析

鄂尔多斯市2018—2022年的人均生态承载力值分别为2.49hm²/人、2.25hm²/人、2.27hm²/人、1.75hm²/人、2.32hm²/人，在1.75～2.49hm²/人之间波动。如图16-12所示，人均生态承载力数值较小，均小于2.50hm²/人，但较为稳定，除2021年低于2hm²/人外，其余四年集中在2.25～2.50hm²/人之间。

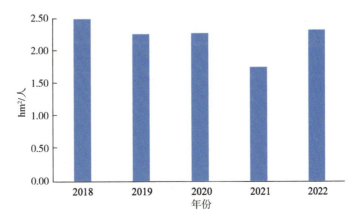

图 16-12　鄂尔多斯市人均生态承载力

二、2018—2022年各类用地生态承载力分析

表16-2　鄂尔多斯市各类用地人均生态承载力

单位：hm²/人

年份	耕地	草地	林地	水域	建筑用地	化石能源用地
2018	0.069 02	2.410 52	0	0.000 30	0.007 55	0
2019	0.091 17	2.152 02	0	0.000 26	0.010 03	0
2020	0.096 04	2.161 74	0	0.000 40	0.009 52	0
2021	0.092 30	1.643 59	0	0.000 03	0.009 09	0
2022	0.077 29	2.231 52	0	0.000 02	0.007 24	0

通过计算得到鄂尔多斯市六类生态生产性土地的人均生态承载力。根据表16-2所示，鄂尔多斯市人均生态承载力中水平最高的是草地，2018—2022年分别为2.410 52hm²/人、2.152 02hm²/人、2.161 74hm²/人、1.643 59hm²/人、2.231 52hm²/人，其中最高值在2018年，最低值在2021年，最高值与最低值差额约为0.77hm²/人。五年间数值相对稳定，基本在2hm²/人以上，2021年有所下滑与该年产量因子偏低有关。

耕地的人均生态承载力水平次之，分别为0.069 02hm²/人、0.091 17hm²/人、0.096 04hm²/人、0.092 30hm²/人、0.077 29hm²/人，2019—2021年相对集中，均在0.09hm²/人左右，其余两年偏低，与均衡因子略低有关。

建筑用地和水域2018—2022年的人均生态承载力水平较低，基本低于0.01hm²/人，建筑用地略高，分别为0.007 55hm²/人、0.010 03hm²/人、0.009 52hm²/人、0.009 09hm²/人、0.007 24hm²/人，较接近于0.01hm²/人；水域的人均生态承载力值水平略低，分别为0.000 30hm²/人、0.000 26hm²/人、0.000 40hm²/人、0.000 03hm²/人、0.000 02hm²/人，均小于0.000 5hm²/人。林地的人均生态承载力为零与其人均生态足迹为零同因。

总体来讲，鄂尔多斯市2018—2022年各类用地的人均生态承载力情况基本为草地＞耕地＞建筑用地＞水域＞林地、化石能源用地。

第五节 生态余量现状

一、2018—2022年生态余量总体分析

通过对鄂尔多斯市人均生态足迹与人均生态承载力进行分析，可以发现总体上人均生态足迹高于人均生态承载力，这导致人均生态余量呈现赤字。

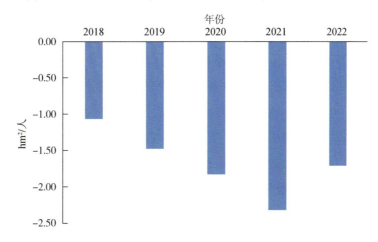

图 16-13 鄂尔多斯市人均生态余量

鄂尔多斯市2018—2022年人均生态余量分别为–1.06hm²/人、–1.47hm²/人、–1.82hm²/人、–2.32hm²/人、–1.71hm²/人，总体在–2.32hm²/人至–1.06hm²/人之间波动。如图16-13所示，前四年生态赤字呈现逐年增加的态势，2022年有所缓和，总体情况相对较轻，但受化石能源用地生态足迹情况的影响，生态赤字情况可能被低估。

二、2018—2022年各类用地生态余量分析

根据表16-3所示，2018—2022年六类生态生产性土地中耕地的人均生态余量呈现相对较高赤字状态，分别为–1.173 4hm²/人、–1.200 0hm²/人、–1.147 3hm²/人、–1.173 4hm²/人、–0.995 9hm²/人，赤字基本在1.1hm²/人以上，总体较轻。

表 16-3 鄂尔多斯市各类用地人均生态余量

单位：hm²/ 人

年份	耕地	草地	林地	水域	建筑用地	化石能源用地
2018	–1.173 4	0.283 4	0	–0.070 7	–0.097 8	0
2019	–1.200 0	–0.049 7	0	–0.081 5	–0.139 6	0

年份	耕地	草地	林地	水域	建筑用地	化石能源用地
2020	−1.147 3	−0.436 2	0	−0.109 4	−0.129 7	0
2021	−1.173 4	−0.934 3	0	−0.051 3	−0.157 8	0
2022	−0.995 9	−0.509 2	0	−0.062 6	−0.139 2	0

草地的生态赤字情况稍次于耕地，其人均生态余量为0.283 4hm²/人、−0.049 7hm²/人、−0.436 2hm²/人、−0.934 3hm²/人、−0.509 2hm²/人，生态赤字均小于1hm²/人，2018年的人均生态余量还有微弱盈余。

水域和建筑用地人均生态余量水平相近，水域人均生态余量分别为−0.070 7hm²/人、−0.081 5hm²/人、−0.109 4hm²/人、−0.051 3hm²/人、−0.062 6hm²/人，赤字情况更轻，基本在0.1hm²/人以下；建筑用地人均生态余量分别为−0.097 8hm²/人、−0.139 6hm²/人、−0.129 7hm²/人、−0.157 8hm²/人、−0.139 2hm²/人，赤字情况略重于水域，基本在0.1～0.15hm²/人之间。林地和化石能源用地的生态余量为零，是受到生态足迹与生态承载力为零影响。

总体来讲，鄂尔多斯市2018—2022年各类用地的人均生态赤字情况基本为耕地＞草地＞建筑用地＞水域＞林地、化石能源用地。

第十七章

巴彦淖尔市

第一节　土地利用时空动态

2018年，巴彦淖尔市耕地面积为6 096.23km²，建筑用地面积为124.49km²，草地面积为27 458.72km²，水体面积为67.76km²，荒漠面积为31 384.76km²。2018年巴彦淖尔市土地利用空间格局如图17-1所示。

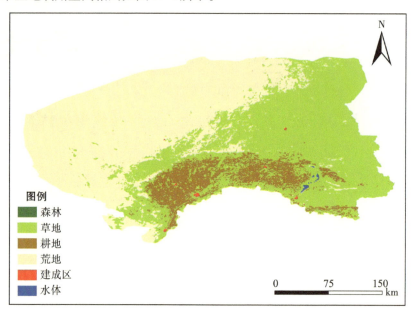

图 17-1　2018 年巴彦淖尔市土地利用空间格局

2019年，巴彦淖尔市耕地面积为6 068.35km²，建筑用地面积为125.06km²，草地面积为27 511.47km²，水体面积为68.32km²，荒漠面积为31 358.75km²。2019年巴彦淖尔市土地利用空间格局如图17-2所示。

2020年，巴彦淖尔市森林覆盖面积为0.38km²，耕地面积为6 586.54km²，建筑用地面积为125.44 km²，草地面积为26 995.86km²，水体面积为68.32km²，荒漠面积为31 355.41km²。2020年巴彦淖尔市土地利用空间格局如图17-3所示。

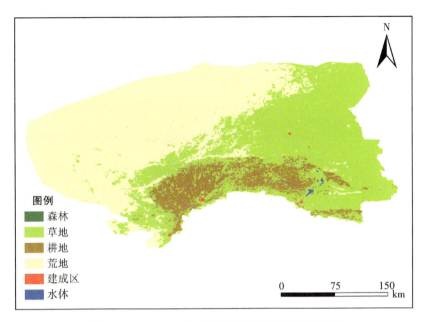

图 17-2　2019 年巴彦淖尔市土地利用空间格局

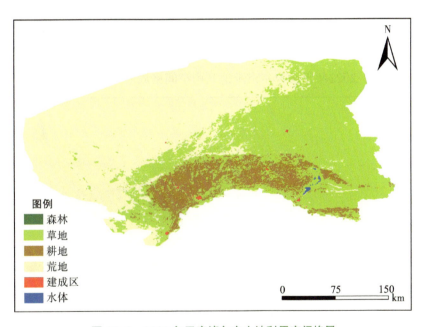

图 17-3　2020 年巴彦淖尔市土地利用空间格局

2021年，巴彦淖尔市森林覆盖面积为3.20km²，耕地面积为6 757.02km²，建筑用地面积为131.12km²，草地面积为26 464.58km²，水体面积为68.88km²，荒漠面积为31 707.15km²。2021年巴彦淖尔市土地利用空间格局如图17-4所示。

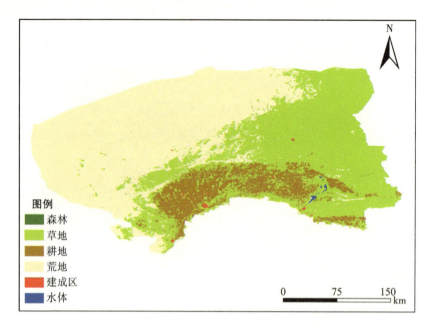

图 17-4 2021 年巴彦淖尔市土地利用空间格局

2022年，巴彦淖尔市森林覆盖面积为5.84km²，耕地面积为6 921.67km²，建筑用地面积为131.12km²，草地面积为25 872.74km²，水体面积为67.38km²，荒漠面积为32 133.21km²。2022年巴彦淖尔市土地利用空间格局如图17-5所示。

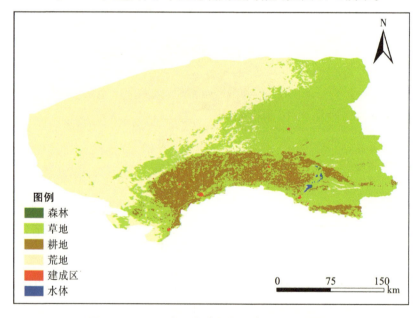

图 17-5 2022 年巴彦淖尔市土地利用空间格局

第二节 植被NEP空间分布

2018年，内蒙古巴彦淖尔市碳源面积为51 484.45km²，碳源平均值为50.86 gC/m²；碳汇的面积为13 647.50km²，碳汇的平均值为75.15 gC/m²。2018年内蒙古巴彦淖尔市碳源/碳汇空间分布如图17-6所示。

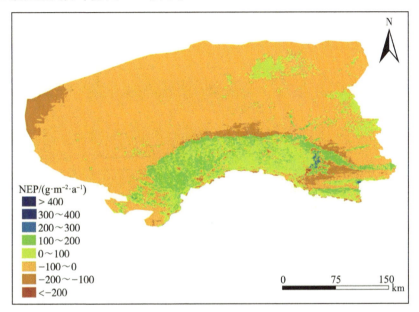

图 17-6 2018年巴彦淖尔市碳源/碳汇空间分布图

2019年，内蒙古巴彦淖尔市碳源面积为49 451.48km²，碳源平均值为38.88gC/m²；碳汇的面积为15 680.48km²，碳汇的平均值为82.17gC/m²。与2018年相比，碳源面积增长-3.95%，碳源平均值增长-23.56%；碳汇面积增长14.90%，碳汇平均值增长9.34%。2019年内蒙古巴彦淖尔市碳源/碳汇空间分布如图17-7所示。

2020年，内蒙古巴彦淖尔市碳源面积为52 117.56km²，碳源平均值为51.09 gC/m²；碳汇的面积为13 014.39km²，碳汇的平均值为102.25gC/m²。与2019年相比，碳源面积增长5.39%，碳源平均值增长31.40%；碳汇面积增长-17.00%，碳汇平均值增长-24.44%。2020年内蒙古巴彦淖尔市碳源/碳汇空间分布如图17-8所示。

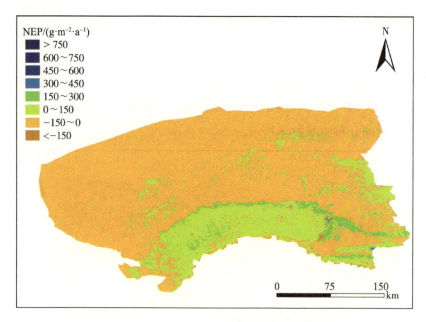

图 17-7　2019 年巴彦淖尔市碳源 / 碳汇空间分布图

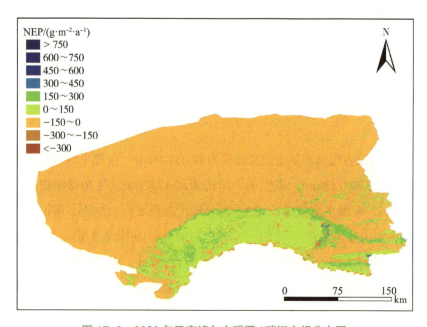

图 17-8　2020 年巴彦淖尔市碳源 / 碳汇空间分布图

2021年，内蒙古巴彦淖尔市碳源面积为52 499.86km²，碳源平均值为55.47gC/m²；碳汇的面积为12 632.09km²，碳汇的平均值为88.43gC/m²。与2020年相比，碳源面积增长0.73%，碳源平均值增长8.57%；碳汇面积增长-2.94%，碳汇平均值增长-13.52%。2021年内蒙古巴彦淖尔市碳源/碳汇空间分布如图17-9所示。

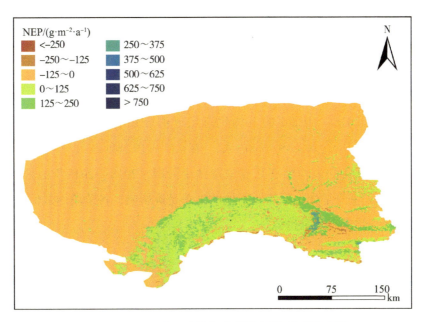

图 17-9　2021 年巴彦淖尔市碳源／碳汇空间分布图

2022 年，内蒙古巴彦淖尔市碳源面积为 51 268.95km²，碳源平均值为 51.71 gC/m²；碳汇的面积为 13 863.00km²，碳汇的平均值为 94.75gC/m²。与 2021 年相比，碳源面积增长 -2.34%，碳汇平均值增长 -6.77%；碳汇面积增长 9.74%，碳汇平均值增长 7.15%。2022 年内蒙古巴彦淖尔市碳源/碳汇空间分布如图 17-10 所示。

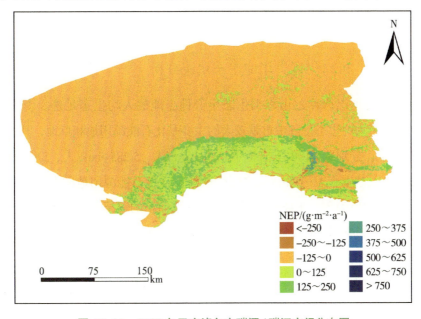

图 17-10　2022 年巴彦淖尔市碳源／碳汇空间分布图

第三节　生态足迹现状

一、2018—2022年生态足迹总体分析

巴彦淖尔市2018—2022年的人均生态足迹值分别为6.26hm²/人、6.55hm²/人、18.03hm²/人、18.32hm²/人、19.16hm²/人，在6.26～19.16hm²/人之间波动。如图17-11所示，五年间人均生态足迹呈现两个阶段，2018—2019年的数值远低于2020—2022年，主要是受化石能源用地的生态足迹影响；各阶段内数值相对集中，波动幅度较小，均呈现上升趋势。

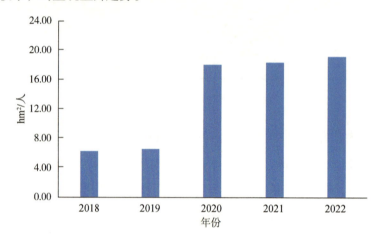

图 17-11　巴彦淖尔市人均生态足迹

二、2018—2022年各类用地生态足迹分析

根据计算得到巴彦淖尔市六类生态生产性土地的人均生态足迹。由表17-1可知，巴彦淖尔市人均生态足迹中贡献较大的主要是化石能源用地和草地，其中草地的数值更为稳定，分别为4.100 1hm²/人、4.259 7hm²/人、5.285 6hm²/人、5.612 6hm²/人、5.994 0hm²/人，基本在4～6hm²/人之间轻微波动。化石能源用地的人均生态足迹在2018—2019年数值为零，主要是由于这两年林地面积的遥感数据为零，致使均衡因子也为零，从而影响到化石能源用地；2020—2022年的人均生态足迹基本在10hm²/人左右波动，此三年的数值要远高于草地，总的来说影响更大。

耕地的人均生态足迹水平较草地更低，分别为1.929 6hm²/人、1.999 9hm²/人、2.337 5hm²/人、2.508 7hm²/人、2.408 9hm²/人，在1.9～2.5hm²/人间轻微波动，总体先上升后下降，但变化幅度均较小。

表17-1　巴彦淖尔市各类用地人均生态足迹

单位：hm^2/人

年份	耕地	草地	林地	水域	建筑用地	化石能源用地
2018	1.929 6	4.100 1	0.000 0	0.206 2	0.022 1	0.000 0
2019	1.999 9	4.259 7	0.000 0	0.270 3	0.019 0	0.000 0
2020	2.337 5	5.285 6	0.008 6	0.275 8	0.030 2	10.096 3
2021	2.508 7	5.612 6	0.034 7	0.463 5	0.032 8	9.671 0
2022	2.408 9	5.994 0	0.030 8	0.398 4	0.031 5	10.291 8

　　水域的人均生态足迹数值更低，分别为0.206 2hm^2/人、0.270 3hm^2/人、0.275 8hm^2/人、0.463 5hm^2/人、0.398 4hm^2/人，均在0.5hm^2/人以下。建筑用地的人均生态足迹均低于0.05hm^2/人，五年间分别为0.022 1hm^2/人、0.019 0hm^2/人、0.030 2hm^2/人、0.032 8hm^2/人、0.031 5hm^2/人，变动幅度小。林地的人均生态足迹值2020—2022年分别为0.008 6hm^2/人、0.034 7hm^2/人和0.030 8hm^2/人，前两年数值为零与化石能源用地的情况同因。

　　总体来讲，巴彦淖尔市2018—2022年各类用地的人均生态足迹情况基本为化石能源用地＞草地＞耕地＞水域＞建筑用地＞林地。

第四节　生态承载力现状

一、2018—2022年生态承载力总体分析

　　巴彦淖尔市2018—2022年的人均生态承载力分别为1.35hm^2/人、1.25hm^2/人、1.53hm^2/人、1.30hm^2/人、1.37hm^2/人，总体在1.25～1.53hm^2/人之间波动。如图17-12所示，人均生态承载力数值相对集中，小幅度波动频繁，无明显变化规律。

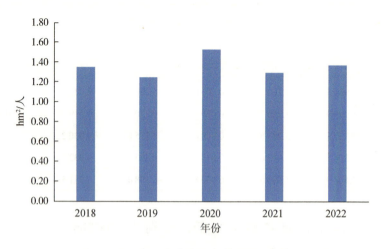

图 17-12　巴彦淖尔市人均生态承载力

二、2018—2022年各类用地生态承载力分析

根据计算得到巴彦淖尔市六类生态生产性土地的人均生态承载力。由表17-2可知，巴彦淖尔市人均生态承载力中水平最高的是草地，五年间数值分别为0.854 6hm²/人、0.773 1hm²/人、0.901 7hm²/人、0.714 5hm²/人、0.801 8hm²/人，其中最高值在2020年，最低值在2021年，最高值与最低值差额约为0.19hm²/人；基本围绕0.8hm²/人波动，变化幅度小。

表 17-2　巴彦淖尔市各类用地人均生态承载力

单位：hm²/人

年份	耕地	草地	林地	水域	建筑用地	化石能源用地
2018	0.470 1	0.854 6	0.000 0	0.019 1	0.009 6	0
2019	0.447 4	0.773 1	0.000 0	0.018 6	0.009 2	0
2020	0.601 9	0.901 7	0.000 1	0.016 0	0.011 5	0
2021	0.545 3	0.714 5	0.000 5	0.024 6	0.010 6	0
2022	0.555 3	0.801 8	0.000 7	0.005 5	0.010 5	0

耕地的人均生态承载力水平次之，分别为0.470 1hm²/人、0.447 4hm²/人、0.601 9hm²/人、0.545 3hm²/人、0.555 3hm²/人，基本在0.5hm²/人上下浮动，变化轨迹与全市人均生态承载力相近。

建筑用地、水域和林地2018—2022年的人均生态承载力处于低水平。水域的人均生态承载力略高，分别为0.019 1hm²/人、0.018 6hm²/人、0.016 0hm²/人、0.024 6hm²/人、0.005 5hm²/人，基本围绕0.02hm²/人波动；建筑用地的人均生态承载力次之，分别为0.009 6hm²/人、0.009 2hm²/人、0.011 5hm²/人、0.010 6hm²/人、0.010 5hm²/人，基本在0.01hm²/人左右波动；除化石能源用地外，林地的人均生态承载力水平最低，2020—2022年分别为0.000 1hm²/人、0.000 5hm²/人和0.000 7hm²/人，均小于0.001hm²/人，前两个年份数值为零与人均生态足迹情况成因相同。

总体来讲，巴彦淖尔市2018—2022年各类用地的人均生态承载力情况基本为草地＞耕地＞水域＞建筑用地＞林地＞化石能源用地。

第五节　生态余量现状

一、2018—2022年生态余量总体分析

通过对巴彦淖尔市人均生态足迹与人均生态承载力进行分析，可以发现总体上人均生态足迹高于人均生态承载力，这导致人均生态余量呈现赤字。

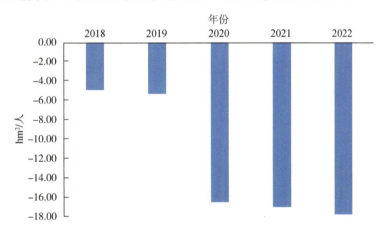

图 17-13　巴彦淖尔市人均生态余量

巴彦淖尔市2018—2022年的人均生态余量分别为-4.90hm²/人、-5.3hm²/人、-16.50hm²/人、-17.03hm²/人、-17.78hm²/人，总体在-17.78hm²/人至-4.90hm²/人之间波动。如图17-13所示，2020—2022年的生态赤字情况相对严重，与人均生态足迹变化轨迹相近。

二、2018—2022年各类用地生态余量分析

据表17-3所示，2018—2022年六类生态生产性土地中生态赤字较高的主要是化

石能源用地和草地，其中草地数值更稳定，其人均生态余量分别为–3.245 4hm²/人、–3.486 6hm²/人、–4.384 0hm²/人、–4.898 1hm²/人、–5.192 2hm²/人，赤字基本呈现逐年上升态势。化石能源用地的人均生态余量在2018—2019年数值为零，成因与这两年的人均生态足迹和人均生态承载力为零有关；2020—2022年人均生态余量分别为–10.096 3hm²/人、–9.671 0hm²/人、–10.291 8hm²/人，此三年的赤字情况远比草地严重，影响更大。

表17-3　巴彦淖尔市各类用地人均生态余量

单位：hm²/人

年份	耕地	草地	林地	水域	建筑用地	化石能源用地
2018	–1.459 6	–3.245 4	0.000 0	–0.187 0	–0.012 5	0.000 0
2019	–1.552 5	–3.486 6	0.000 0	–0.251 7	–0.009 8	0.000 0
2020	–1.735 5	–4.384 0	–0.008 6	–0.259 8	–0.018 7	–10.096 3
2021	–1.963 4	–4.898 1	–0.034 2	–0.438 9	–0.022 2	–9.671 0
2022	–1.853 5	–5.192 2	–0.030 1	–0.392 9	–0.021 0	–10.291 8

耕地的生态赤字情况较草地更轻，五年间人均生态余量均在–2hm²/人以下浮动，分别为–1.459 6hm²/人、–1.552 5hm²/人、–1.735 5hm²/人、–1.963 4hm²/人、–1.853 5hm²/人因数值较小，变化幅度也相对小。

水域的生态赤字情况更轻，五年间人均生态余量分别为–0.187 0hm²/人、–0.251 7hm²/人、–0.259 8hm²/人、–0.438 9hm²/人、–0.392 9hm²/人，无明显变化规律。建筑用地人均生态余量分别为–0.012 5hm²/人、–0.009 8hm²/人、–0.018 7hm²/人、–0.022 2hm²/人、–0.021 0hm²/人，赤字较小。林地2020—2022年人均生态余量分别为–0.008 6hm²/人、–0.034 2hm²/人、–0.030 1hm²/人，2018—2019年数值为零与这两年人均生态足迹和人均生态承载力为零有关；总体呈轻微赤字状态。

总体来讲巴彦淖尔市2018—2022年各类用地的人均生态赤字情况基本为化石能源用地＞草地＞耕地＞水域＞建筑用地＞林地。

第十八章

乌海市

第一节 土地利用时空动态

2018年，乌海市耕地面积为6.00km²，建筑用地面积为73.93km²，草地面积为1 083.37km²，水体面积为17.38km²，荒漠面积为480.80km²。2018年乌海市土地利用空间格局如图18-1所示。

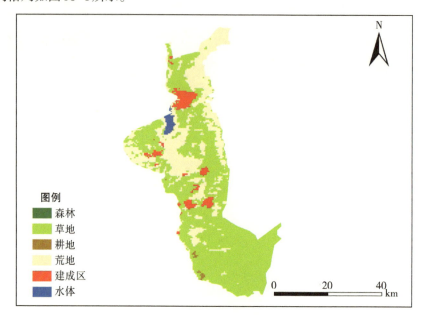

图 18-1 2018 年乌海市土地利用空间格局

2019年，乌海市森林耕地面积为4.73km²，建筑用地面积为73.93 km²，草地面积为1 090.12km²，水体面积为3.90km²，荒漠面积为488.79km²。2019年乌海市土地利用空间格局如图18-2所示。

2020年，乌海市耕地面积为5.23km²，建筑用地面积为73.93 km²，草地面积为1 100.40km²，水体面积为1.18km²，荒漠面积为480.74km²。2020年乌海市土地利用空间格局如图18-3所示。

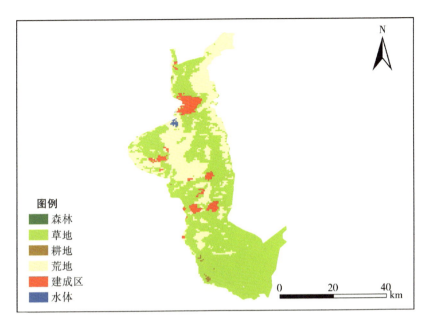

图 18-2 2019 年乌海市土地利用空间格局

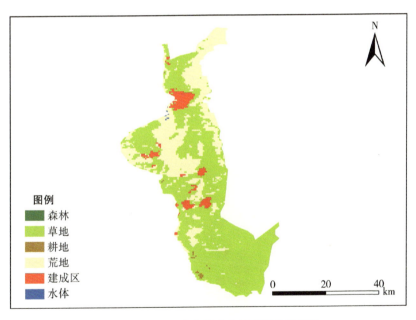

图 18-3 2020 年乌海市土地利用空间格局

2021年，乌海市耕地面积为6.58km²，建筑用地面积为77.56 km²，草地面积为1 087.39km²，水体面积为0.91km²，荒漠面积为489.04km²。2021年乌海市土地利用空间格局如图18-4所示。

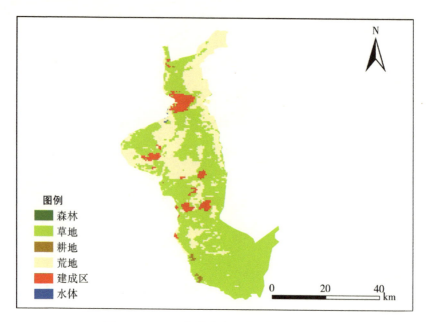

图 18-4　2021 年乌海市土地利用空间格局

2022年，乌海市耕地面积为7.74km²，建筑用地面积为77.56km²，草地面积为1 143.62km²，荒漠面积为432.56km²。2022年乌海市土地利用空间格局如图18-5所示。

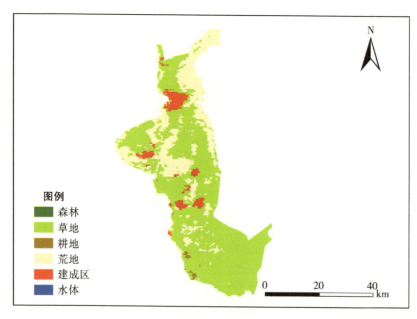

图 18-5　2022 年乌海市土地利用空间格局

第二节　植被NEP空间分布

2018年，内蒙古乌海市碳源面积为1 565.87km²，碳源平均值为103.99 gC/m²；碳汇的面积为95.61km²，碳汇的平均值为42.39gC/m²。2018年内蒙古乌海市碳源/碳汇空间分布如图18-6所示。

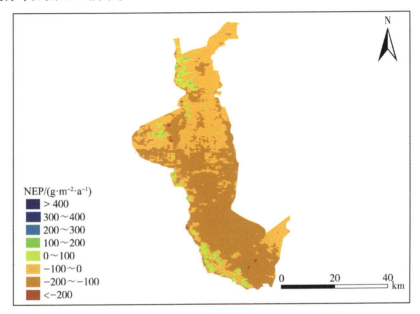

图 18-6　2018年乌海市碳源/碳汇空间分布图

2019年，内蒙古乌海市碳源面积为1 528.41km²，碳源平均值为88.26gC/m²；碳汇的面积为133.06km²，碳汇的平均值为51.04gC/m²。与2018年相比，碳源面积增长-2.39%，碳源平均值增长-15.12%；碳汇面积增长39.18%，碳汇平均值增长20.41%。2019年内蒙古乌海市碳源/碳汇空间分布如图18-7所示。

2020年，内蒙古乌海市碳源面积为1 501.08km²，碳源平均值为86.83gC/m²；碳汇的面积为160.39 km²，碳汇的平均值为55.45gC/m²。与2019年相比，碳源面积增长-1.79%，碳源平均值增长-1.62%；碳汇面积增长20.54%，碳汇平均值增长8.63%。2020年内蒙古乌海市碳源/碳汇空间分布如图18-8所示。

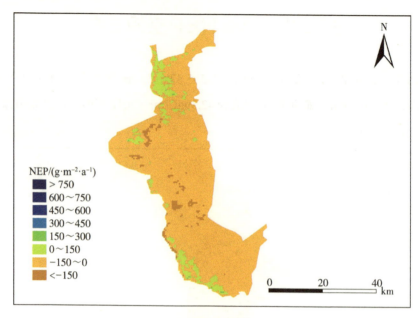

图 18-7　2019 年乌海市碳源／碳汇空间分布图

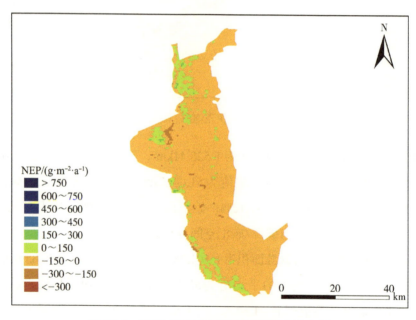

图 18-8　2020 年乌海市碳源／碳汇空间分布图

　　2021 年，内蒙古乌海市碳源面积为 1 550.67 km²，碳源平均值为 94.20gC/m²；碳汇的面积为 110.59km²，碳汇的平均值为 42.07gC/m²。与 2020 年相比，碳源面积增长 3.30%，碳源平均值增长 8.49%；碳汇面积增长 -31.05%，碳汇平均值增长为 -24.13%。2021 年内蒙古乌海市碳源／碳汇空间分布如图 18-9 所示。

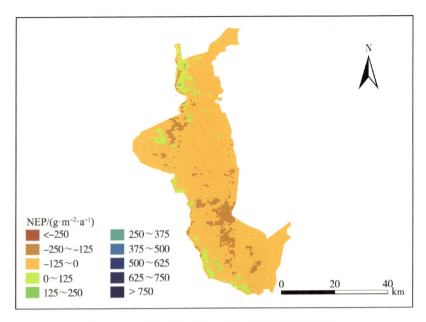

图 18-9　2021 年乌海市碳源／碳汇空间分布图

2022年，内蒙古乌海市碳源面积为 1 516.77 km²，碳源平均值为95.25 gC/m²；碳汇的面积为144.71km²，碳汇的平均值为53.05gC/m²。与2021年相比，碳源面积增长 –2.19%，碳源平均值增长 1.12%；碳汇面积增长30.85%，碳汇平均值增长26.11%。2022年内蒙古乌海市碳源/碳汇空间分布如图18-10所示。

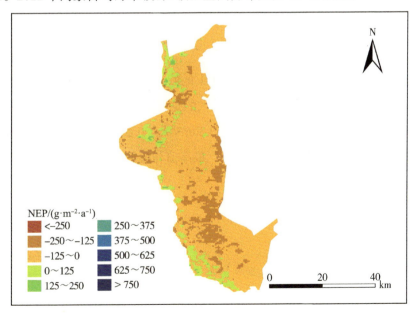

图 18-10　2022 年乌海市碳源／碳汇空间分布图

第三节　生态足迹现状

一、2018—2022年生态足迹总体分析

乌海市2018—2022年的人均生态足迹分别为0.98hm²/人、1.05hm²/人、0.58hm²/人、0.59hm²/人、0.51hm²/人，在0.51～1.05hm²/人之间波动。因总体数值较小，如图18-11所示，波动幅度不算大，且无明显规律，其中前两年人均生态足迹略高，集中在1hm²/人左右，2020—2022年人均生态足迹略低，集中在0.5～0.6hm²/人之间。

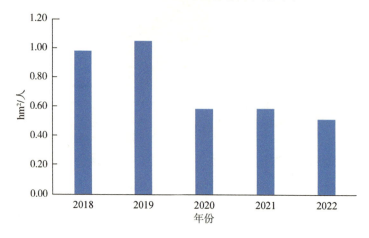

图 18-11　乌海市人均生态足迹

二、2018—2022年各类用地生态足迹分析

通过计算得到乌海市六类生态生产性土地的人均生态足迹。根据表18-1所示，乌海市人均生态足迹中占比最高、影响最大的是耕地，其人均生态足迹值五年间分别为0.612 7hm²/人、0.607 5hm²/人、0.253 3hm²/人、0.262 1hm²/人、0.248 1hm²/人，其中最高值在2018年，最低值在2022年，最高值与最低值差额约为0.37hm²/人，呈现下降趋势。

表 18-1　乌海市各类用地人均生态足迹

单位：hm²/人

年份	耕地	草地	林地	水域	建筑用地	化石能源用地
2018	0.612 7	0.256 3	0	0.005 1	0.104 6	0
2019	0.607 5	0.251 6	0	0.009 8	0.178 1	0
2020	0.253 3	0.205 3	0	0.013 4	0.112 5	0

年份	耕地	草地	林地	水域	建筑用地	化石能源用地
2021	0.262 1	0.208 0	0	0.002 3	0.114 2	0
2022	0.248 1	0.167 7	0	0.000 0	0.097 6	0

草地的人均生态足迹水平次之，分别为0.256 3hm²/人、0.251 6hm²/人、0.205 3hm²/人、0.208 0hm²/人、0.167 7hm²/人，数值较为集中，除2022年外基本在0.2～0.25hm²/人之间，总体呈现下降趋势。

建筑用地的人均生态足迹在第三位，分别为0.104 6hm²/人、0.178 1hm²/人、0.112 5hm²/人、0.114 2hm²/人、0.097 6hm²/人，基本在0.1hm²/人左右轻微波动，2019年略高。水域的人均生态足迹较建筑用地更低，基本在0.01hm²/人以下，五年间数值分别为0.005 1hm²/人、0.009 8hm²/人、0.013 4hm²/人、0.002 3hm²/人、0hm²/人。林地与化石能源用地的生态足迹为零主要受到林地面积的遥感数据影响，林地面积为零，依据其计算的均衡因子和产量因子也为零，进一步影响到林地与化石能源用地的生态足迹值。

总体来讲，乌海市2018—2022年各类用地的人均生态足迹情况基本为耕地＞草地＞建筑用地＞水域＞林地、化石能源用地。

第四节　生态承载力现状

一、2018—2022年生态承载力总体分析

乌海市2018—2022年的人均生态承载力分别为0.12hm²/人、0.12hm²/人、0.13hm²/人、0.09hm²/人、0.13hm²/人，在0.09～0.13hm²/人之间波动。如图18-12所示，数值总体较稳定，基本在0.1hm²/人上下。

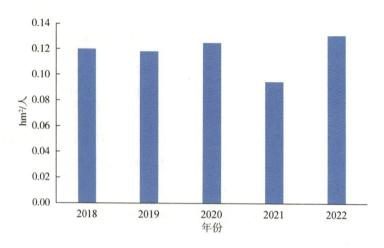

图 18-12　乌海市人均生态承载力

二、2018—2022年各类用地生态承载力分析

根据计算得到乌海市六类生态生产性土地的人均生态承载力。根据表18-2所示，乌海市人均生态承载力中整体水平最高的是草地，其人均生态承载力值2018—2022年分别为0.093 555hm²/人、0.084 494hm²/人、0.096 375hm²/人、0.070 820hm²/人、0.106 194hm²/人，其中最高值在2022年，最低值在2021年，最高值与最低值差额约为0.036hm²/人，总体波动幅度较小。

表 18-2　乌海市各类用地人均生态承载力

单位：hm²/人

年份	耕地	草地	林地	水域	建筑用地	化石能源用地
2018	0.001 981	0.093 555	0	0.000 387	0.024 408	0
2019	0.002 031	0.084 494	0	0.000 273	0.031 716	0
2020	0.001 894	0.096 375	0	0.000 192	0.026 787	0
2021	0.001 881	0.070 820	0	0.000 003	0.022 180	0
2022	0.002 254	0.106 194	0	0.000 000	0.022 591	0

建筑用地的人均生态承载力次之，分别为0.024 408hm²/人、0.031 716hm²/人、0.026 787hm²/人、0.022 180hm²/人、0.022 591hm²/人，基本集中在0.022～0.032hm²/人之间，数值较小，变化幅度不明显。

耕地的人均生态承载力较建筑用地更低，分别为0.001 981hm²/人、0.002 031hm²/人、0.001 894hm²/人、0.001 881hm²/人、0.002 254hm²/人，基本在0.002hm²/人左

右微弱波动。水域的人均生态承载力分别为0.000 387hm²/人、0.000 273hm²/人、0.000 192hm²/人、0.000 003hm²/人、0hm²/人，数值均小于0.000 5hm²/人，且逐年减小。林地的人均生态承载力为零与其人均生态足迹为零同因。

总体来讲，乌海市2018—2022年各类用地的人均生态承载力情况基本为草地＞建筑用地＞耕地＞水域＞林地、化石能源用地。

第五节 生态余量现状

一、2018—2022年生态余量总体分析

通过对乌海市人均生态足迹与人均生态承载力进行分析，可以发现总体上人均生态足迹高于人均生态承载力，这导致人均生态余量呈现赤字。

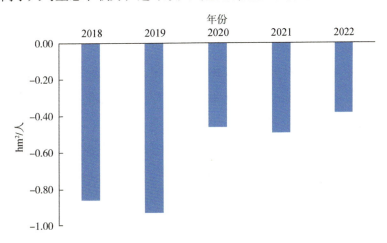

图18-13 乌海市人均生态余量

乌海市2018—2022年的人均生态余量分别为–0.86hm²/人、–0.93hm²/人、–0.46hm²/人、–0.49hm²/人、–0.38hm²/人，总体在–0.93hm²/人至–0.38hm²/人之间波动。赤字情况相对较轻，如图18-13所示，总体有下降趋势。

二、2018—2022年各类用地生态余量分析

根据表18-3所示，2018—2022年六类生态生产性土地中耕地的赤字情况排在首位，其人均生态余量分别为–0.610 7hm²/人、–0.605 5hm²/人、–0.251 4hm²/人、–0.260 2hm²/人、–0.245 9hm²/人，最高赤字与最低赤字之间差额约为0.36hm²/人，

总体有下降趋势。

表18-3　乌海市各类用地人均生态余量

单位：hm²/人

年份	耕地	草地	林地	水域	建筑用地	化石能源用地
2018	−0.610 7	−0.162 7	0	−0.004 7	−0.080 2	0
2019	−0.605 5	−0.167 1	0	−0.009 6	−0.146 3	0
2020	−0.251 4	−0.109 0	0	−0.013 2	−0.085 7	0
2021	−0.260 2	−0.137 2	0	−0.002 3	−0.092 0	0
2022	−0.245 9	−0.061 5	0	0.000 0	−0.075 0	0

　　草地与建筑用地的生态赤字状况相近，前者略重，其人均生态余量分别−0.162 7hm²/人、−0.167 1hm²/人、−0.109 0hm²/人、−0.137 2hm²/人、−0.061 5hm²/人，赤字基本在0.1～0.17hm²/人之间，变化无明显规律。后者略轻，五年间人均生态余量为−0.080 2hm²/人、−0.146 3hm²/人、−0.085 7hm²/人、−0.092 0hm²/人、−0.075 0hm²/人，基本在0.1hm²/人以下。

　　水域的赤字情况相对轻，其2018—2021年人均生态余量为−0.004 7hm²/人、−0.009 6hm²/人、−0.013 2hm²/人、−0.002 3hm²/人。林地和化石能源用地的生态余量为零，是受到生态足迹与生态承载力为零影响。

　　总体来讲，乌海市2018—2022年各类用地的人均生态赤字情况基本为耕地＞草地＞建筑用地＞水域＞林地、化石能源用地。

第十九章

阿拉善盟

第一节　土地利用时空动态

2018年，阿拉善盟森林覆盖面积为7.58km²，耕地面积为88.36km²，建筑用地面积为55.25km²，草地面积为11 474.44km²，水体面积为32.42km²，荒漠面积为227 249.94km²。2018年阿拉善盟土地利用空间格局如图19-1所示。

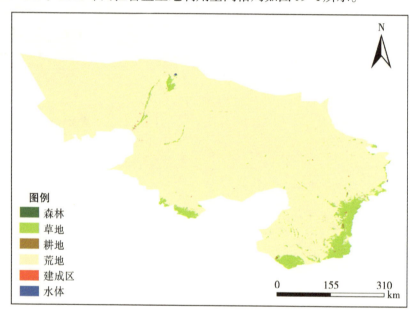

图 19-1　2018 年阿拉善盟土地利用空间格局

2019年，阿拉善盟森林覆盖面积为9.83km²，耕地面积为98.13km²，建筑用地面积为55.25km²，草地面积为11 705.19km²，水体面积为30.91km²，荒漠面积为227 008.68km²。2019年阿拉善盟土地利用空间格局如图19-2所示。

2020年，阿拉善盟森林覆盖面积为12.62 km²，耕地面积为99.82km²，建筑用地面积为55.25km²，草地面积为11 133.88km²，水体面积为30.93km²，荒漠面积为227 575.49km²。2020年阿拉善盟土地利用空间格局如图19-3所示。

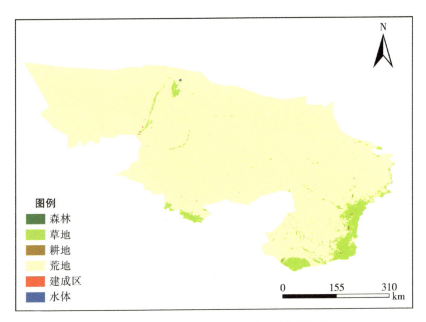

图 19-2　2019 年阿拉善盟土地利用空间格局

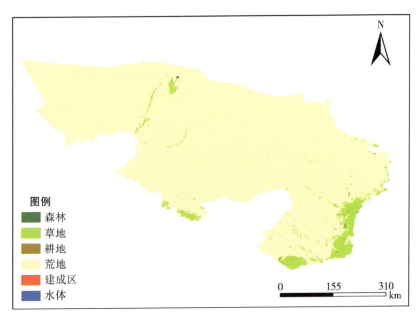

图 19-3　2020 年阿拉善盟土地利用空间格局

2021年，阿拉善盟森林覆盖面积为 8.55 km²，耕地面积为 96.42km²，建筑用地面积为 55.25 km²，草地面积为 9 876.21km²，水体面积为 30.75 km²，荒漠面积为 228 840.81km²。2021年阿拉善盟土地利用空间格局如图 19-4 所示。

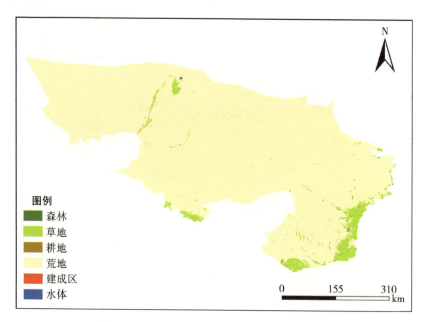

图 19-4　2021 年阿拉善盟土地利用空间格局

2022年，阿拉善盟森林覆盖面积为8.16km²，耕地面积为99.26km²，建筑用地面积为55.25km²，草地面积为9 176.70km²，水体面积为24.96km²，荒漠面积为229 543.65km²。2022年阿拉善盟土地利用空间格局如图19-5所示。

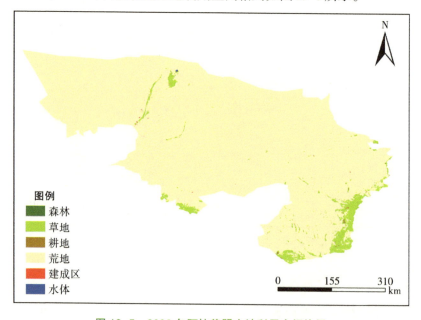

图 19-5　2022 年阿拉善盟土地利用空间格局

第二节 植被NEP空间分布

2018年，内蒙古阿拉善盟碳源面积为236 923.31km²，碳源平均值为70.31 gC/m²；碳汇的面积为1 984.67km²，碳汇的平均值为82.21 gC/m²。2018年内蒙古阿拉善盟碳源/碳汇空间分布如图19-6所示。

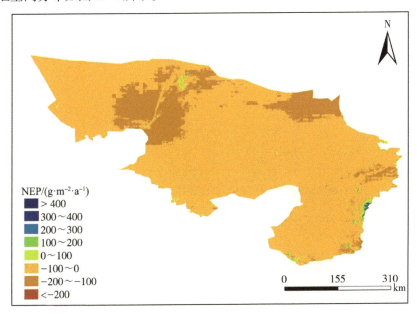

图 19-6 2018 年阿拉善盟碳源/碳汇空间分布图

2019年，内蒙古阿拉善盟碳源面积为236 399.87km²，碳源平均值为68.97gC/m²；碳汇的面积为2 508.11km²，碳汇的平均值为76.57 gC/m²。与2018年相比，碳源面积增长-0.22%，碳源平均值增长-1.91%；碳汇面积增长26.37%，碳汇平均值增长-6.87%。2019年内蒙古阿拉善盟碳源/碳汇空间分布如图19-7所示。

2020年，内蒙古阿拉善盟市碳源面积为225 090.63km²，碳源平均值为43.61gC/m²；碳汇的面积为13 817.35km²，碳汇的平均值为22.00 gC/m²。与2019年相比，碳源面积增长-4.78%，碳源平均值增长-36.77%；碳汇面积增长450.91%，碳汇平均值增长-71.26%。2020年内蒙古阿拉善盟碳源/碳汇空间分布如图19-8所示。

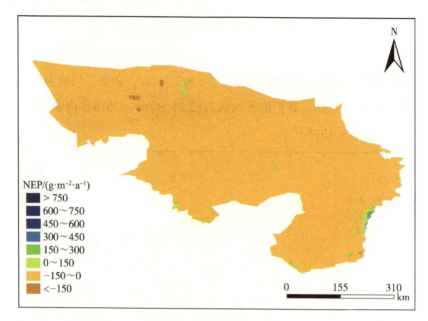

图 19-7 2019 年阿拉善盟碳源／碳汇空间分布图

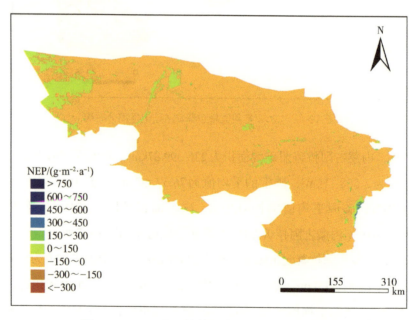

图 19-8 2020 年阿拉善盟碳源／碳汇空间分布图

2021 年，内蒙古阿拉善盟碳源面积为 234 623.71km²，碳源平均值为 57.35gC/m²；碳汇的面积为 4 283.53km²，碳汇的平均值为 42.08gC/m²。与 2020 年相比，碳源面积增长 4.24%，碳源平均值增长 31.51%；碳汇面积增长 -69.00%，碳汇平均值增长 91.24%。2021 年内蒙古阿拉善盟碳源/碳汇空间分布如图 19-9 所示。

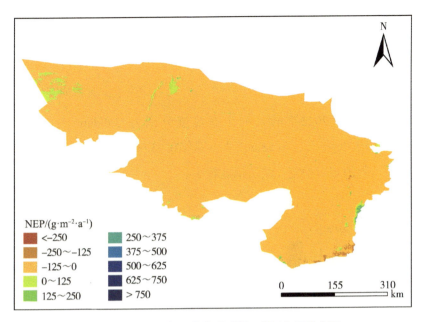

图 19-9　2021 年阿拉善盟碳源 / 碳汇空间分布图

2022年，内蒙古阿拉善盟碳源面积为 225 029.56 km²，碳源平均值为67.05gC/m²；碳汇的面积为 13 878.43km²，碳汇的平均值为20.46gC/m²。与2021年相比，碳源面积增长 -4.09%，碳源平均值增长 16.93%；碳汇面积增长224%，碳汇平均值增长 -51.38%。2022年内蒙古阿拉善盟碳源/碳汇空间分布如图19-10所示。

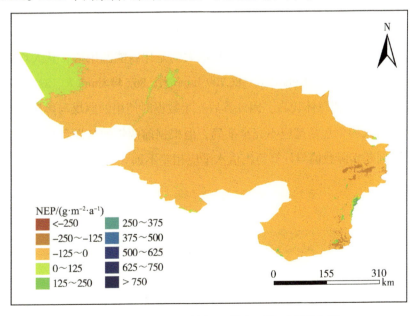

图 19-10　2022 年阿拉善盟碳源 / 碳汇空间分布图

第三节 生态足迹现状

一、2018—2022年生态足迹总体分析

阿拉善盟2018—2022年的人均生态足迹分别为73.09hm²/人、90.13hm²/人、89.98hm²/人、85.82hm²/人、76.58hm²/人，总体在73.09～90.13hm²/人之间波动。如图19-11所示，数值相对稳定，波动幅度较小。

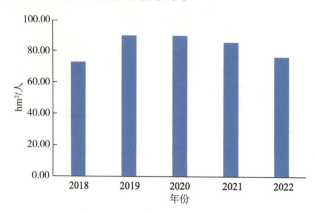

图19-11 阿拉善盟人均生态足迹

二、2018—2022年各类用地生态足迹分析

根据计算得到阿拉善盟六类生态生产性土地的人均生态足迹。由表19-1可知，阿拉善盟人均生态足迹中占比最高、影响最大的是化石能源用地，其人均生态足迹2018—2022年分别为69.916 9hm²/人、86.709 4hm²/人、86.544 8hm²/人、82.219 1hm²/人、72.953 1hm²/人，数值总体较高。因计算后三年数据时使用的原煤与焦炭消费量为估算值，得到的人均生态足迹应不完全准确，但根据前两年的结果和当地经济、产业等情况可以判断实际数值与计算得出值水平应相差不远。

表19-1 阿拉善盟各类用地人均生态足迹

单位：hm²/人

年份	耕地	草地	林地	水域	建筑用地	化石能源用地
2018	0.729 7	2.203 6	0.012 7	0.114 5	0.115 6	69.916 9
2019	1.009 3	2.138 2	0.018 5	0.101 9	0.153 3	86.709 4
2020	0.880 1	2.349 2	0.005 6	0.069 2	0.134 4	86.544 8
2021	1.020 8	2.377 5	0.013 6	0.051 8	0.141 3	82.219 1
2022	0.926 4	2.535 2	0.015 6	0.023 3	0.129 0	72.953 1

草地的人均生态足迹水平为第二位，分别为2.203 6hm²/人、2.138 2hm²/人、2.349 2hm²/人、2.377 5hm²/人、2.535 2hm²/人，数值稳定，在2.1～2.5hm²/人之间波动，变化幅度微弱。耕地的人均生态足迹较草地更低，五年间分别为0.727 9hm²/人、1.009 3hm²/人、0.880 1hm²/人、1.020 8hm²/人、0.926 4hm²/人，基本在1hm²/人上下波动，变化较频繁但幅度小。

水域与建筑用地的人均生态足迹水平接近，水域略低，人均生态足迹分别为0.114 5hm²/人、0.101 9hm²/人、0.069 2hm²/人、0.051 8hm²/人、0.023 3hm²/人，呈逐年下降趋势，对比2022年与2018年的数值，下降幅度较大。建筑用地的人均生态足迹略高，分别为0.115 6hm²/人、0.153 3hm²/人、0.134 4hm²/人、0.141 3hm²/人、0.129 0hm²/人，基本在0.11～0.15hm²/人之间波动。

林地的人均生态足迹最低，分别为0.012 7hm²/人、0.018 5hm²/人、0.005 6hm²/人、0.013 6hm²/人、0.015 6hm²/人，均在0.02hm²/人之下。

总体来讲，阿拉善盟2018—2022年各类用地的人均生态足迹情况基本为化石能源用地＞草地＞耕地＞建筑用地＞水域＞林地。

第四节　生态承载力现状

一、2018—2022年生态承载力总体分析

阿拉善盟2018—2022年的人均生态承载力分别为2.18hm²/人、1.90hm²/人、1.93hm²/人、1.41hm²/人、1.55hm²/人，在1.41～2.18hm²/人之间波动。如图19-12所示，数值变化较频繁，但幅度较小，总体呈现降低趋势。

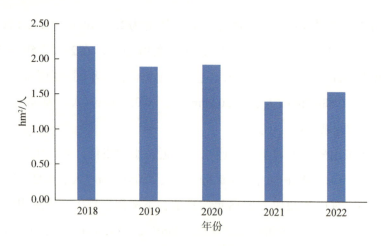

图 19-12　阿拉善盟人均生态承载力

二、2018—2022年各类用地生态承载力分析

根据计算得到阿拉善盟六类生态生产性土地的人均生态承载力。由表19-2可知，阿拉善盟人均生态承载力中占比最高的用地类型是草地，五年间数值分别为2.067 1hm²/人、1.747 6hm²/人、1.796 3hm²/人、1.288 9hm²/人、1.446 8hm²/人，除2018年有最高值超过2hm²/人外，其余几年均在1.8hm²/人以下，总体有下降趋势。

表19-2　阿拉善盟各类用地人均生态承载力

单位：hm²/人

年份	耕地	草地	林地	水域	建筑用地	化石能源用地
2018	0.058 8	2.067 1	0.008 5	0.011 7	0.036 8	0
2019	0.083 1	1.747 6	0.010 5	0.007 7	0.046 8	0
2020	0.071 7	1.796 3	0.017 4	0.005 6	0.039 7	0
2021	0.069 3	1.288 9	0.009 0	0.004 8	0.039 7	0
2022	0.064 0	1.446 8	0.007 8	0.000 2	0.035 6	0

耕地的人均生态承载力水平次之，分别为0.058 8hm²/人、0.083 1hm²/人、0.071 7hm²/人、0.069 3hm²/人、0.064 0hm²/人，基本在0.065hm²/人上下轻微波动，变化幅度较小。建筑用地的人均生态承载力水平稍逊于耕地，分别为0.036 8hm²/人、0.046 8hm²/人、0.039 7hm²/人、0.039 7hm²/人、0.035 6hm²/人，数值非常稳定，总体围绕0.04hm²/人轻微波动。

林地和水域2018—2022年的人均生态承载力水平相近，基本在0.01hm²/人以下，其中林地的人均生态承载力略高，五年间分别为0.008 5hm²/人、0.010 5hm²/人、

0.017 4hm²/人、0.009 0hm²/人、0.007 8hm²/人，有两年在0.01hm²/人之上；水域的人均生态承载力值略低，分别为0.011 7hm²/人、0.007 7hm²/人、0.005 6hm²/人、0.004 8hm²/人、0.000 2hm²/人，除2018年外其他年份均在0.008hm²/人之下。

总体来讲，阿拉善盟2018—2022年各类用地的人均生态承载力情况基本为草地＞耕地＞建筑用地＞林地＞水域＞化石能源用地。

第五节　生态余量现状

一、2018—2022年生态余量总体分析

通过对阿拉善盟人均生态足迹与人均生态承载力进行分析，可以发现总体上人均生态足迹高于人均生态承载力，这导致人均生态余量呈现赤字。

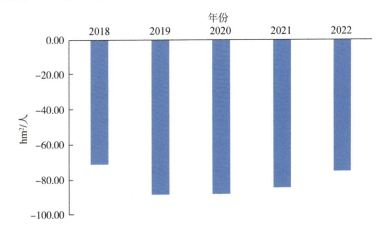

图 19-13　阿拉善盟人均生态余量

阿拉善盟2018—2022年的人均生态余量分别为–70.91hm²/人、–88.24hm²/人、–88.05hm²/人、–84.41hm²/人、–75.03hm²/人，总体在–88.24hm²/人至–70.91hm²/人之间波动，赤字情况非常严重（如图19-13）。

二、2018—2022年各类用地生态余量分析

根据表19-3所示，2018—2022年阿拉善盟六类生态生产性土地中化石能源用地的生态赤字情况最严重，其人均生态余量分别为–69.916 9hm²/人、–86.709 4hm²/人、–86.544 8hm²/人、–82.219 1hm²/人、–72.953 1hm²/人，受人均生态足迹影响后三年

的数值不完全准确，但生态赤字的程度仍可判断。

表19-3 阿拉善盟各类用地人均生态余量

单位：hm²/人

年份	耕地	草地	林地	水域	建筑用地	化石能源用地
2018	−0.670 9	−0.136 5	−0.004 2	−0.102 8	−0.078 8	−69.916 9
2019	−0.926 2	−0.390 7	−0.008 1	−0.094 2	−0.106 6	−86.709 4
2020	−0.808 4	−0.552 9	0.011 8	−0.063 6	−0.094 8	−86.544 8
2021	−0.951 5	−1.088 7	−0.004 6	−0.047 1	−0.101 6	−82.219 1
2022	−0.862 4	−1.088 4	−0.007 8	−0.023 1	−0.093 4	−72.953 1

耕地的生态赤字情况排第二位，五年的数值分别为−0.670 9hm²/人、−0.926 2hm²/人、−0.808 4hm²/人、−0.951 5hm²/人、−0.862 4hm²/人，赤字基本在0.8hm²/人上下波动，总体较轻微。草地的生态承载力更高，且其与耕地生态承载力的差额要大于生态足迹的差额，因此生态赤字情况总体更轻，五年间数值分别为−0.136 5hm²/人、−0.390 7hm²/人、−0.552 9hm²/人、−1.088 7hm²/人、−1.088 4hm²/人，后两年赤字加重是受到生态承载力下降影响。

水域和建筑用地的生态赤字情况相近，其中建筑用地人均生态余量分别为−0.078 8hm²/人、−0.106 6hm²/人、−0.094 8hm²/人、−0.101 6hm²/人、−0.093 4hm²/人；水域的人均生态余量分别为−0.102 8hm²/人、−0.094 2hm²/人、−0.063 6hm²/人、−0.047 1hm²/人、−0.023 1hm²/人，赤字逐年减小。林地的生态赤字情况最轻，人均生态余量分别为−0.004 2hm²/人、−0.008 1hm²/人、0.011 8hm²/人、−0.004 6hm²/人、−0.007 8hm²/人，其中2018年和2021年的赤字最轻微，2020年有微弱盈余。

总体来讲，阿拉善盟2018—2022年各类用地的人均生态赤字情况基本为化石能源用地＞耕地＞草地＞建筑用地＞水域＞林地。

参考文献

[1] 陈佑启，杨鹏.国际上土地利用/土地覆盖变化研究的新进展[J].经济地理，2001（1）：95-100.

[2] 刘纪远，匡文慧，张增祥，等.20世纪80年代末以来中国土地利用变化的基本特征与空间格局[J].地理学报，2014，69（1）：3-14.

[3] 陈伊多，杨庆媛.西藏自治区土地利用/覆被变化时空演变特征及驱动因素[J].水土保持学报，2022，36（5）：173-180.

[4] 雷泽鑫，罗俊杰，张文正，等.LUCC多情景模拟下黄土沟壑区流域径流响应规律及其适应性规划对策[J].生态学报，2025，45（3）：1090-1101.

[5] 徐梦菲，孙一帆，汪霞.郑州市土地利用/覆被变化与生境质量的时空演变及情景预测[J].水土保持通报，2024，44（2）：364-377.

[6] 万海峰，蒙友波，陈洋，等.黔中城市群碳储量对土地利用/覆被变化的响应及脆弱性[J].水土保持通报，2024，44（1）：443-452.

[7] 王怡冰，李成亮，张鹏，等.济南南部山区土地利用/覆被变化对碳储量的影响研究[J].中国环境科学，2024，44（7）：3986-3998.

[8] 施歌，王雨桐，刘嘉航.基于土地利用/覆被变化的江苏省陆地生态系统碳储量时空演变特征[J/OL].环境科学，1-15[2025-01-14].https://doi.org/10.13227/j.hjkx.202310037.

[9] HILTNER U, HUTH A, HERAULT B, et al. Climate change alters the ability of neotropical forests to provide timber and sequester carbon [J]. Forest Ecology Management, 2021, 492（1）: 1-11.

[10] ZHANG W X, ZHOU T J, ZOU L W, et al. Reduced exposure to extreme precipitation from 0.5℃ less warming in global land monsoon regions [J]. Nature Communication, 2018, 9（1）: 3153.

[11] 陈晓鹏，尚占环.中国草地生态系统碳循环研究进展[J].中国草地学报，2011，33（4）：99-110.

[12] 杨元合，石岳，孙文娟，等.中国及全球陆地生态系统碳源汇特征及其对碳中和的贡献[J].中国科学：生命科学，2022，52（4）：534-574.

[13] 丁倩，张弛.基于地理探测器的中国陆地生态系统土壤有机碳空间异质性影响因子分析[J].生态环境学报，2021，30（1）：19-28.

[14] 王梁，赵杰，陈守越.山东省农田生态系统碳源、碳汇及其碳足迹变化分析[J].

中国农业大学学报，2016，21（7）：133-141.

[15]赵宁，周蕾，庄杰，等.中国陆地生态系统碳源/汇整合分析[J].生态学报，2021，41（19）：7648-7658.

[16]PIAO S L, CIAIS P, FRIED L P, et al. Net carbon dioxide losses of northern ecosystems in response to autumn warming [J]. Nature, 2008, 451（7174）: 49-52.

[17]YAO Y T, LI Z J, WANG T, et al. A new estimation of China's net ecosystem productivity based on eddy covariance measurements and a model tree ensemble approach [J]. Agricultural and Forest Meteorology, 2018, 253-254: 84-93.

[18]丁佳，刘星雨，郭玉超，等.1980—2015年青藏高原植被变化研究[J].生态环境学报，2021，30（2）：288-296.

[19]WACKERNAGEL M, REES W E.Our Ecological Footprint: Reducing Human Impact on the Earth[M].Gabriola Island: New Society Publishers, 1996.

[20]章锦河，张捷.国内生态足迹模型研究进展与启示[J].地域研究与开发，2007（2）：90-96.

[21]徐中民，张志强，程国栋，等.中国1999年生态足迹计算与发展能力分析[J].应用生态学报，2003（2）：280-285.

[22]杨开忠，杨咏，陈洁.生态足迹分析理论与方法[J].地球科学进展，2000（6）：630-636.

[23]张志强，徐中民，程国栋，等.中国西部12省（区市）的生态足迹[J].地理学报，2001（5）：598-609.

[24]王书华，毛汉英，王忠静.生态足迹研究的国内外近期进展[J].自然资源学报，2002（6）：776-782.

[25]顾晓薇，王青，刘建兴，等.基于"国家公顷"计算城市生态足迹的新方法[J].东北大学学报，2005（4）：295-298.

[26]徐长春，熊黑钢，秦珊，等.新疆近10年生态足迹及其分析[J].新疆大学学报（自然科学版），2004（2）：181-185.

[27]陈敏，张丽君，王如松，等.1978年~2003年中国生态足迹动态分析[J].资源科学，2005（6）：132-139.

[28]王业宁，王豪伟.近20年内蒙古生态足迹与承载力动态研究[J].环境科学与技术，2020，43（S1）：218-224.

[29]李剑泉，袁月，罗淑政.基于2000—2018年产量数据的中国木地板生态足迹评估（英文）[J].Journal of Resources and Ecology, 2021, 12（3）：430-436.